内蒙古自治区优质校建设成果精品教材
马铃薯生产加工丛书

马铃薯组织培养技术

主　编　刘海英　张祚恬
副主编　陈建保　张一帆　王秀芳
编　者　司怀军　李富花
　　　　梁建功　苑智华
丛书主编　张祚恬
丛书主审　陈建保　郝伯为

武汉理工大学出版社
·武　汉·

内容提要

本书是“马铃薯生产加工丛书”之一，主要内容包括组织培养概述、组织培养实验室设备和使用方法、马铃薯组织培养的基本技术、马铃薯叶片组织培养技术、马铃薯茎尖脱毒及繁殖技术、近年来马铃薯组织培养方面所取得的最新成果和先进经验（如马铃薯花粉和原生质体培养技术以及组培苗的工厂化生产技术管理等马铃薯组织培养实用技术）。

本书可作为农学专业的教学用书，也可作为相关从业人员的专业培训教材及参考用书。

图书在版编目(CIP)数据

马铃薯组织培养技术/刘海英，张祚恬主编．—武汉：武汉理工大学出版社，2019.10（2022.1 重印）

ISBN 978-7-5629-6086-7

Ⅰ．①马…　Ⅱ．①刘…　②张…　Ⅲ．①马铃薯-组织培养　Ⅳ．①S532.035.3

中国版本图书馆 CIP 数据核字（2019）第 221142 号

项目负责人：崔庆喜（027-87523138）　**责任编辑**：雷　蕾
责任校对：楼燕芳　**排　　版**：天成图文
出版发行：武汉理工大学出版社
社　　址：武汉市洪山区珞狮路 122 号
邮　　编：430070
网　　址：http://www.wutp.com.cn
经　　销：各地新华书店
印　　刷：武汉市宏达盛印务有限公司
开　　本：787×1092　1/16
印　　张：8.5
字　　数：212 千字
版　　次：2019 年 10 月第 1 版
印　　次：2022 年 1 月第 3 次印刷
定　　价：25.50 元

凡使用本教材的教师，可通过 E-mail 索取教学参考资料。
E-mail：wutpcqx@163.com　1239864338@qq.com
凡购本书，如有缺页、倒页、脱页等印装质量问题，请向出版社发行部调换。
本社购书热线电话：027-87384729　87664138　87165708（传真）

总　序

马铃薯是粮、菜、饲、加工兼用型作物，因其适应性广、丰产性好、营养丰富、经济效益高、产业链长，已成为世界和我国粮食生产的主要品种和粮食安全的重要保障。马铃薯在我国各个生态区都有广泛种植，我国政府对马铃薯产业的发展高度重视。目前，我国每年种植马铃薯达550多万公顷，总产量达9000多万吨，我国马铃薯的种植面积和产量均占世界马铃薯种植面积和产量的1/4。中国已成为名副其实的马铃薯生产和消费大国，马铃薯行业未来的发展，世界看好中国。

马铃薯是乌兰察布市的主要农作物之一，种植历史悠久，其生长发育规律与当地的自然气候特点相吻合，具有明显的资源优势。马铃薯产业是当地的传统优势产业，蕴藏着巨大的发展潜力。从20世纪60年代开始，乌兰察布市在国内率先开展了马铃薯茎尖脱毒等技术研究，推动了全国马铃薯生产的研究和发展，引起世界同行的关注。全国第一个脱毒种薯组培室就建在乌兰察布农科所。1976年，国家科学技术委员会、科学院、农业部等部门的数十名专家在全国考察，确定乌兰察布市为全国最优的马铃薯种薯生产区域，并在察哈尔右翼后旗建立起我国第一个无病毒原种场。近年来，乌兰察布市市委、市政府顺应自然和经济规律，高屋建瓴，认真贯彻关于西部地区"要把小土豆办成大产业"的指示精神，发挥地区比较优势，积极调整产业结构，把马铃薯产业作为全市农业发展的主导产业来培育。通过扩规模、强基地、提质量、创品牌，乌兰察布市成为全国重点马铃薯种薯、商品薯和加工专用薯基地，马铃薯产业进入新的快速发展阶段。与此同时，马铃薯产业科技优势突出，一批科研成果居国内先进水平，设施种植、膜下滴灌、旱地覆膜等技术得到大面积推广使用。乌兰察布市的马铃薯种植面积稳定在26万公顷，占自治区马铃薯种植面积的1/2，在全国地级市中排名第一。马铃薯产业成为彰显地区特点、促进农民增收致富的支柱产业和品牌产业。2009年3月，中国食品工业协会正式命名乌兰察布市为"中国马铃薯之都"。2011年12月，乌兰察布市在国家工商总局注册了"乌兰察布马铃薯"地理标志证明商标，"中国薯都"地位得到进一步巩固。

强大的产业优势呼唤着高水平、高质量的技术人才和产业工人，而人才支撑是做大做强优势产业的有力保障。乌兰察布职业学院敏锐地意识到这是适应地方经济、服务特色产业的又一个契机。学院根据我国经济发展及产业结构调整带来的人才需求，经过认真、全面、仔细的市场调研和项目咨询，紧贴市场价值取向，凭借既有的专业优势，审时度势，务实求真；学院本着"有利于超前服务社会，有利于学生择业竞争，有利于学院可持续发展"的原则，站在现代职业教育的前沿，立足乌兰察布市，辐射周边，面向市场；学院敢为人先，申请开设了"马铃薯生产加工"专业，并于2007年10月获得国家教育部批准备案，2008年秋季开始正式招生，在我国高等院校首开先河，保证专业建设与地方经济有效而及时地对接。

该专业是国内高等院校首创，没有固定的模式可循，没有现成的经验可学，没有成型的教材可用。为了充分体现以综合素质为基础、以职业能力为本位的教学指导思想，学院专门建立了以马铃薯业内专家为主体的专业建设指导委员会，多次举行研讨会，集思广益，互相磋商，按照课程设置模块化、教学内容职业化、教学组织灵活化、教学过程开放化、教学方式即时化、教学手段现代化、教学评价社会化的原则，参照职业资格标准和岗位技能要求，制订“马铃薯生产加工”专业的人才培养方案，积极开发相关课程，改革课程体系，实现整体优化。

由马铃薯行业相关专家、技术骨干、专业课教师开发编撰的“马铃薯生产加工丛书”，是我们在开展“马铃薯生产加工”专业建设和教学过程中结出的丰硕成果。丛书重点阐述了马铃薯从种植到加工、从产品到产业的基本原理和技术，系统介绍了马铃薯的起源、栽培、遗传育种、种薯繁育、组织培养、质量检测、贮藏保鲜、生产机械、病虫害防治、产品加工等内容，力求充实马铃薯生产加工的新知识、新技术、新工艺、新方法，以适应经济和社会发展的新需要。丛书的特色体现在：

一、丛书以马铃薯生产加工技术所覆盖的岗位群所必需的专业知识、职业能力为主线，知识点与技能点相辅相成、密切呼应形成一体，努力体现当前马铃薯生产加工领域的新理论、新技术、新管理模式，并与相应的工作岗位的国家职业资格标准和马铃薯生产加工技术规程接轨。

二、丛书编写格式适合教学实际，内容详简结合，图文并茂，具有较强的针对性，强调学生的创新精神、创新能力和解决实际问题能力的培养，较好地体现了高等职业教育的特点与要求。

三、丛书创造性地实行理论实训一体化，在理论够用的基础上，突出实用性，依托技能训练项目多、操作性强等特点，尽量选择源于生产一线的成功经验和鲜活案例，通过选择技能点传递信息，使学生在学习过程中受到启发。每个章节（项目）附有不同类型的思考与练习，便于学生巩固所学的知识，举一反三，活学活用。

该丛书的出版得到了马铃薯界有关专家、技术人员的指导和支持；编写过程中参考借鉴了国内外许多专家和学者编著的教材、著作以及相关的研究资料，在此一并表示衷心的感谢；同时向参加丛书编写而付出辛勤劳动的各位专家与教师致以诚挚的谢意！

张　策

2019年5月16日

前　言

本书是根据教育部《关于加强高职高专教育教材建设的若干意见》的文件精神，结合马铃薯生产加工专业人才培养目标与规格，依据我国马铃薯生产加工行业职业岗位的任职要求而编写的。在选材和编写中力求以实际应用能力为主旨，以强化技术能力为主线，以高职教学目标为基点，以理论知识必需、够用、管用、实用为纲领，做到基本概念解释清楚，基本理论简明扼要，贴近一线生产实践，注重培养学生的应用能力和创新精神。

本书除对植物组织培养的基本理论和基础知识作简明、必要的介绍以外，重点阐述了植物组织培养各方面的实用技术，内容包括组织培养实验室设备和使用方法、马铃薯组织培养的基本技术、马铃薯叶片组织培养技术、马铃薯茎尖脱毒及繁殖技术、马铃薯花粉和原生质体培养技术、组织培养苗的工厂化生产技术及管理。为了培养学生的实践动手能力，本书专门安排了实训内容，使学生能得到系统的训练，掌握实际操作技术。本书每个项目的末尾附有思考与练习，可供学生思考、复习和练习。

本书的具体编写分工为：乌兰察布职业学院刘海英编写项目三、项目四、实训一至实训六；乌兰察布职业学院张祚恬编写项目一、实训七、实训八；乌兰察布职业学院陈建保编写项目五、项目六；乌兰察布市察右前旗黄旗海镇张一帆编写项目七、项目八；甘肃农业大学司怀军编写实训九至实训十二、附录、附表；乌兰察布职业学院梁建功编写项目九；乌兰察布市农牧业科学研究院王秀芳编写项目二、项目十、项目十三；乌兰察布职业学院李富花编写项目十一；乌兰察布职业学院苑智华编写项目十二。

本书不仅可作为高职高专马铃薯生产加工专业的教学用书，而且可作为马铃薯行业培训及马铃薯行业从业人员的参考用书。

由于编者水平有限，加之时间仓促，收集和组织材料有限，存在的错误和不足之处，敬请同行专家和广大读者批评指正。

编　者

2019 年 7 月

目　录

项目一　绪　　论

知识目标

1. 掌握组织培养技术的概念和培养的类型；
2. 掌握组织培养技术的特点；
3. 了解组织培养技术的原理及其发展历史；
4. 了解组织培养技术的发展前景，逐步树立学习本课程的信心。

技能目标

初步掌握组织培养技术在农业实践上的应用。

任务一　组织培养技术概述

植物组织培养技术是指分离一个或数个体细胞或植物体的一部分在无菌条件下培养的技术。通常我们所说的广义的组织培养（简称组培），是指通过无菌操作分离植物体的一部分（即外植体），接种到培养基上，在人工控制的条件下进行培养，使其生成完整植株的过程。组织培养按培养对象可分为植株培养、器官培养、组织或愈伤组织培养、细胞培养和原生质体培养等。

（1）植株培养是对完整植株材料的培养，如幼苗及较大植株的培养。

（2）器官培养即离体器官的培养，根据作物和需要的不同，可以分为茎尖、茎段、根尖、叶片、叶原基、子叶、花瓣、雄蕊、雌蕊、胚珠、胚、子房、果实等外植体的培养。

（3）组织或愈伤组织培养为狭义的组织培养，是对植物体的各部分组织进行培养，如茎尖分生组织、形成层、木质部、韧皮部、表皮组织、胚乳组织和薄壁组织等；或对由植物器官培养产生的愈伤组织进行培养，二者均通过再分化诱导形成植株。

（4）细胞培养是对由愈伤组织等进行液体振荡培养所得到的能保持较好分散性的离体单细胞或花粉单细胞或很小的细胞团的培养。

（5）原生质体培养是用酶及物理方法除去细胞壁的原生质体的培养。

组织培养是20世纪发展起来的一门技术，由于科学技术的进步，尤其是外源激素的应用，使组织培养不仅从理论上为相关学科提出了可靠的实验证据，而且一跃成为一种大规模、批量工厂化生产种苗的新方法，并在生产上越来越得到广泛的应用。植物组织培养之所以发展得如此快，应用的范围如此广泛，是因为其具备以下几个特点：

1. 培养条件可以人为控制

组织培养采用的植物材料完全是在人为提供的培养基质和小气候环境条件下进行生

长，摆脱了大自然中四季、昼夜的变化以及灾害性气候的不利影响，且条件均一，对植物生长极为有利，便于稳定地进行周年培养生产。

2. 生长周期短，繁殖率高

植物组织培养由于可人为控制培养条件，根据不同植物不同部位的不同要求而提供不同的培养条件，因此生长快，往往1个月左右为一个周期。虽然植物组织培养需一定设备及能源消耗，但由于植物材料能按几何级数繁殖生产，故总体来说成本低廉，且能及时提供规格一致的优质种苗或脱病毒种苗。

3. 管理方便，利于工厂化生产和自动化控制

植物组织培养是在一定的场所和环境下，人为提供一定的温度、光照、湿度、营养、激素等条件，极利于高度集约化的高密度工厂化生产，也利于自动化控制生产，与盆栽、田间栽培等相比省去了中耕除草、浇水施肥、防治病虫等一系列繁杂劳动，可以大大节省人力、物力及田间种植所需要的土地。

任务二　组织培养技术的发展历史

组织培养技术的蓬勃发展只是近50年的事，但它的整个历史可以追溯至19世纪末和20世纪初，根据其发展情况，大体分为探索阶段(20世纪初至30年代中)、奠基阶段(20世纪30年代中至50年代末)和迅速发展与应用阶段(20世纪60年代至现在)。

在探索阶段，人们提出了细胞全能性的概念，在胚培养和根培养方面进行了初步探索。20世纪初，在Schleiden和Schwann所发展起来的细胞学说的推动下，1902年德国植物学家Haberlandt提出了高等植物的器官和组织为许多细胞组成的观点，以及植物细胞全能性的理论，即植物的体细胞在适当的条件下具有不断分裂和繁殖，发育成完整植株的潜在能力。他首次发表了植物离体细胞培养实验的报告。1912年，Haberlandt的学生Kotte和美国的Robins在根尖培养中获得了组织培养的成功。Kotte采用了无机盐、葡萄糖、蛋白胨、天冬酰胺及添加各种氨基酸的培养基。Robins用含无机盐、加葡萄糖或果糖的琼脂培养基，培养了长度为1.45～3.75cm的豌豆、玉米和棉花的茎尖，形成了一些缺绿的茎和根。

在奠基阶段，人们通过对培养条件和培养基成分的广泛研究，特别是对B族维生素、生长素和细胞分裂素在组织培养中作用的研究，已经实现了对离体细胞生长和分化的控制，从而初步确立了组织培养的技术体系，为今后的发展奠定了基础。自Haberlandt的实验之后，直到1934年美国的White由番茄根建立了第一个活跃生长的无性繁殖系，并反复转移到新鲜培养基中继代培养，根的离体培养实验获得了真正的成功，并在以后的28年间培养了1600代。这之后，White又以小麦根尖为材料，研究了光、温度、通气、pH值、培养基组成等各种培养条件对生长的影响，并于1937年建立了第一个组织培养的综合培养基，其成分均为已知化合物，包括3种B族维生素，即吡哆醇、硫胺素和烟酸，该培养基后来被定名为White培养基。与此同时，Gautheret(1934)在研究山毛柳和黑杨等形成层的组织培养实验中，提出了B族维生素和生长素对组织培养的重要意义，并于1939年连续培养胡萝卜根形成层获得首次成功。同年，White由烟草种间杂种的瘤组织，Nobecourt由胡萝卜均建立了与上述类似的连续生长的组织培养物。因此，Gautheret、White和Nobecourt一起被誉为组织培养学科的奠基人。我们现在所用的培养方法和培养基，基本上都是由这三位科学家

建立的。20 世纪 40 年代，Skoog 和崔徵在烟草茎切段和髓培养以及器官形成的研究中发现，腺嘌呤或腺苷可以解除培养基中生长素（IAA）对芽形成的抑制作用，而能诱导形成芽，从而明确了腺嘌呤与生长素的比例是控制芽和根形成的主要条件之一。在寻找促进细胞分裂物质的过程中，Miller 等人于 1956 年发现了激动素，不久后即知道激动素可以代替腺嘌呤促进发芽，并且效果可增加 3 万倍。结果上述控制器官分化的激素模式变为激动素与生长素的比例关系。这方面的成功发现，有力地推动了植物组织培养的发展。1952 年，Morel 和 Martin 通过茎尖分生组织的离体培养，从已受病毒侵染的大丽花中首次获得无病毒植株。后来，White 于 1943 年出版了《植物组织培养手册》专著，植物组织培养开始成为一门新兴的学科。

在迅速发展与应用阶段，人们以烟草为主要材料获得了许多突破性的进展，使得植物组织培养技术取得了迅速的发展，并将研究范围扩展到花药培养、花粉培养、原生质体培养和细胞融合等方面，并把这一技术应用在果树、花卉、蔬菜等经济作物的快速繁殖和脱病毒等方面，同时也开始了产业化生产。人们利用体细胞无性系产生的大量变异，再结合人工诱变方法对培养的植物组织或细胞进行突变体筛选，已在多种作物中选育出抗病、抗虫、抗除草剂、矮秆、高蛋白等新品种。在植物组织技术不断完善的基础上，与重组 DNA 技术相结合而产生的植物遗传转化研究也成为植物生物工程的重要内容。利用植物的组织培养技术进行的植物遗传转化，已经在众多植物中获得成功，因而为植物的遗传育种开辟了一条崭新的途径和广阔前景。

1960 年，Cocking 等人用真菌纤维素酶分离植物原生质体获得成功。1971 年，Takebe 等在烟草上首次由原生质体获得了再生植株，这不仅在理论上证明了无壁的原生质体同样具有全能性，而且在实践上为外源基因的导入提供了理想的受体材料。20 世纪 70 年代以来，我国组织培养的研究与发展速度较快，特别是在烟草、水稻和小麦等的花药培养和原生质体培养方面取得了令人瞩目的成就。

1962 年，印度 Guha 等人成功地在毛叶曼陀罗花药培养中，由花粉诱导得到单倍体植株，这促进了花药和花粉培养的研究；以后相继在烟草、水稻、小麦、玉米、番茄、辣椒、草莓、苹果等多种植物获得成功，其数目达到 160 多种，其中烟草、水稻和小麦等的花药育种培养在我国取得了引人注目的成就。1960 年，Motel 提出了一个离体无性繁殖兰花的方法，其繁殖系数极高。由于这一方法有很大的应用价值，很快被兰花生产者所采用，迅速建立起兰花工业。

1973 年，Carlson 等通过两个烟草物种之间原生质体的融合，获得了第一个体细胞杂种；Cocking 等倡导的原生质体培养和体细胞杂交研究得到了迅速发展，已经能使矮牵牛和烟草属的杂种细胞增殖分化生成杂种植株。在整个组织培养发展的历史中，我国学者作出多方面的贡献，除了崔徵的工作以外，还有 1993 年李继侗等关于玉米等植物离体根尖培养的工作，以及罗士韦关于幼胚和茎尖培养、李正理关于离体胚培养、王伏雄等关于幼胚培养的工作。

目前，世界上有两个与组织培养对应的国际性学术组织，分别是国际植物组织培养与生物技术协会（IAPTCB）和国际离体生物学会（SIVB）；有两种专门发表植物组织培养的国际刊物，分别是 *Plant Cell，Tissue and Organ Culture* 和 *In Vitro Cellular & Developmental Biology-Plant*。

任务三　组织培养技术的应用

植物组织培养成为生物科学的一个广阔领域，除了在基础理论的研究上占有重要地位外，在农业生产领域也得到越来越广泛的应用。

一、快速繁殖优良种苗

用组织培养的方法进行快速繁殖（简称快繁）是生产上最有潜力的应用，适用于花卉和观赏植物以及蔬菜、果树、大田作物和其他经济作物。快速繁殖技术不受季节等条件的限制，生长周期短，而且能使不能或很难繁殖的植物进行增殖。

快速繁殖可用下列手段进行：通过茎尖、茎段、鳞茎盘等产生大量腋芽；通过根、叶等器官直接诱导产生不定芽；通过愈伤组织培养诱导产生不定芽。试管快速繁殖应用在下列研究中：①繁殖杂交育种中得到的少量杂交种，以及保存自交系、不育系等。②繁殖脱毒培养得到的少量无病毒苗。③繁殖生产上急需的或种源较少的种苗。

由于组织培养周期短，增殖率高及能全年生产等特点，加上培养材料和试管苗的小型化，这就可在有限的空间培养出大量的植物，在短期内培养出大量的幼苗。组织培养突出的优点是“快”，通过这一方法在较短时期内迅速扩大植物的数量，以一个茎尖或一小块叶片为基数，经组织培养一年内可增殖到 10 000～100 000 株。

近年来，组培苗工厂化生产已作为一种新兴技术和生产手段，在园艺植物的生产领域蓬勃发展。工厂化生产组培苗，是按一定工艺流程规范化生产的，具有繁殖速度快、整齐、一致、无虫少病、生长周期短、遗传性稳定的特点，可以加速产品的发展，尽快获得繁殖无性系。特别是对一些繁殖系数低、杂合的材料有性繁殖优良性状易分离或从杂合的遗传群体中筛选出表现型优异的植株，需要保持其优良遗传性，有更重要的作用。组培苗的无毒生产，可减少病害传播，更符合国际植物检疫标准的要求，扩大产品的流通渠道，增强产品市场的销售能力，同时减少了气候条件对幼苗繁殖的影响，缓和了淡、旺季的供需矛盾。

世界组培苗生产量最大的是组培技术相对简单的花卉和香蕉，其次为马铃薯、甘薯等。世界上一些先进国家园艺植物组织培养技术的迅速发展从 20 世纪 60 年代就已经开始，并随着生长、分化规律性探索的逐步深化，到了 70 年代仅花卉业就已在兰花、百合、非洲菊、大岩桐、菊花、香石竹、矮牵牛等 20 多种花卉幼苗生产上建立起大规模试管苗商品化生产，到 1984 年世界花卉幼苗产业的生产总值已达 20 亿美元，其中美国花卉幼苗市场总值为 6 亿多美元，日本三友种苗公司有 60%的幼苗靠组织培养技术繁殖。1985 年仅兰花一项，在美国注册的公司就有 100 余家，年销售额在 1 亿美元以上。组织培养技术的应用加快了花卉新品种的推广，以前靠常规方法推广一个新品种要几年甚至十多年，而现在快的只要 1～2 年就可在世界范围内普及和应用。

我国采用快速繁殖技术，也使优良品种达到迅速的推广和应用。如广东切花菊“黄秀风”的应用，使菊花变大，长势加快，花色鲜艳，抗病力增强，打开了进入香港市场的渠道，使 30 多种观叶植物的推广很快遍及全国，丰富了人们的生活；并将自然界的几百个野生金钱莲品种繁种驯化，培养了一批园林垂直绿化的材料，促进了园林业的发展。

二、培养无病毒苗

几乎所有植物都遭受到病毒病不同程度的危害，有的种类甚至同时受到数种病毒病的危害，尤其是很多园艺植物靠无性方法来增殖，若蒙受病毒病，会代代相传，越染越重。自从Morel(1952)发现采用微茎尖培养的方法可得到无病毒苗后，微茎尖培养就成为解决病毒病危害的重要途径之一。若再与热处理相结合，则可提高脱毒培养的效果。对于木本植物，茎尖培养得到的植株难以发根生长，则可采用茎尖微体嫁接的方法来培育无病毒苗。

组织培养无病毒苗的方法已在很多作物的常规生产上得到应用，如马铃薯、甘薯、草莓、苹果、香石竹、菊花等。已有不少地区建立了无病毒苗的生产中心，这对于无病毒苗的培养、鉴定、繁殖、保存、利用和研究，形成了一个规范的系统程序，从而达到了保持园艺植物的优良种性和经济性状的目的。

三、创新育种手段

植物组织培养技术为育种提供了许多手段和方法，使育种工作在新的条件下更有效地进行，如用花药培养单倍体植株；用原生质体进行体细胞杂交和基因转移；用子房、胚和胚珠完成胚的试管发育和试管受精等；种质资源的保存等。

在种属间进行远缘杂交时，由于生理代谢等方面的原因，杂种胚常常停止发育，因此不能得到杂种植物，通过胚培养就可保证远缘杂交的顺利进行。到20世纪50年代，在实践上的应用就更多了，在桃、柑橘、菜豆、南瓜、百合、鸢尾等许多园艺植物的远缘杂交育种上都得到了应用。“大白菜×甘蓝”的远缘杂交种“白兰”，就是通过杂种胚的培养而得到的。对早期发育幼胚因太小而难培养的种类，还可采用胚珠和子房培养来获得成功，利用胚珠和子房培养也可进行试管受精，以克服柱头或花柱对受精的障碍，使花粉管直接进入胚珠而受精。

花药、花粉的培养在苹果、柑橘、葡萄、草莓、石刁柏、甜椒、甘蓝、天竺葵等约20种园艺植物中得到了单倍体植株。在常规育种中为得到纯系材料要经多代自交，而单倍体育种，经染色体加倍后可以迅速获得纯合的二倍体，大大缩短了育种的世代和年限。

利用组织培养可以进行突变体的筛选。突变的产生因部位而异，茎尖遗传性比较稳定，根、茎、叶乃至愈伤组织和细胞的培养则变异率较大。培养基的激素也会诱导变异，因浓度而不同。此外，还有采用紫外线、X射线对材料进行照射来诱发突变的产生。在组织培养中产生多倍体、混倍体现象比较多，产生的变异为育种提供了材料，可以根据需要进行筛选。利用组织培养，采用与微生物筛选相似的技术，在细胞水平上进行突变体的筛选更加富有成效。

原生质体培养和体细胞杂交技术的开发，在育种上展现了一幅崭新的前景，已有多种植物经原生质体培养得到再生植物，有些植物得到体细胞杂种，这在理论上和实践上都有重要价值。随着这方面工作的深入和技术水平的提高，原生质体培养一定会在育种上产生深远的影响。

四、保存和交换植物种质资源

农业生产是在现有种质资源的基础上进行的，由于自然灾害和生物之间的竞争以及人类活动对大自然的影响，已有相当数量的植物物种在地球上消失或正在消失。利用植物组织培养技术和低温条件保存种质，可大大节约人力和土地，同时也便于种质资源的交换和转移，防止病虫害的人为传播，给保存和抢救有用的物种带来了希望。例如胡萝卜和烟草等植物的细胞悬浮物，在－196～－20℃的低温下贮藏数月，尚能恢复生长，再生成植株。

五、生产植物性药物和生物制品

结合发酵技术，利用组织或细胞的大规模培养，可提取人类需要的多种天然有机化合物，如蛋白质、脂肪、药物、香料、生物碱及其他活性化合物。目前，大约有 20 种植物的培养组织中的有效物质高于原植物，国际上已获得这方面专利 100 多项。近年来，用单细胞培养生产蛋白质，将给饲料和食品工业提供广阔的原料生产前途；用组织培养方法生产微生物以及人工不能合成的药物或有效成分的研究正在不断深入，有些已投入工业化生产，预计今后将有更大发展。

总之，目前植物组织培养仍处于发展阶段，它给遗传学、细胞学、植物生理学、植物胚胎学、植物病理学等方面的研究提供了条件和方法，对农业、工业、医药、环境、卫生等的发展将产生巨大的影响，其应用范围将日趋广泛。植物组织培养也存在一定的困难，首先是繁殖效率与商品需要量的矛盾，有些作物由于繁殖方法尚未解决，因而无法满足生产的需要；其次是在培养过程中如何减少变异株的发生。更重要的是应降低组培苗工厂化生产的成本，只有降低成本，才能更好地投产应用。

随着组织培养技术的发展及各种培养方法的广泛应用，这一技术在遗传育种、品种繁育等方面表现出了巨大的潜力，特别是生物工程和工厂化育苗实施以后，它将以新兴产业的面貌在技术革命中发挥重大作用。

任务四　组织培养技术的发展趋势

为使植物组织培养技术更利于苗木快繁和规模化生产，除考虑激素的影响之外，在培养条件上的改进是今后组织培养技术改进的主要方面。

一、培养基的改善

利用陶瓷、蛭石、脱脂棉纤维、成型岩棉、聚乙烯发泡材料等作为培养基支撑材料，增加培养基的高孔隙度、高气体扩散和高含氧量，以此促进组培苗的生长，获得明显的效果。另外，在培养基成分的改善方面也取得了一定进展。如培养基中不添加糖类化合物，而变为无糖、光独立的培养基，并增加光照和二氧化碳，促进植物的自养作用；添加谷氨酸，促进植株的光合作用和自养生长；添加碳素墨水，提高生根率（暗环境有利于生根）；添加青霉素，克服玻璃化苗现象；用雨水配制培养基，有利于发根，促进苗的生长和移栽等。

二、培养容器的改善

采用透光封盖、透气封盖和改善培养箱等措施对苗的生长均有良好的效果。采用大型的容器后可以较容易地调节环境因子，还可以减少人工操作的工作量，实现自动化和机械化操作。

三、光照条件的改善

改善光源、光质和光强度，发现蓝光和红光有利于某些植物侧芽的产生，蓝光有利于蛋白质含量的增加，红光有利于提高糖含量和促进叶绿素合成等。对于不同种类的植物，应分别加以研究，区别对待。

四、气体条件的改善

新芽的生长可在无糖培养基中补充 CO_2 来完成。通过增施 CO_2，使组培苗具有更优良的生物学性状，生长健壮，积累多，加速植株发育进程。此外，可促进乙烯的产生，调节生长，克服玻璃化苗。影响综合效应最重要的因素就是光照强度和 CO_2 浓度，它们是植物进行光合作用的关键因素。因此，通过调控这两种因素的水平，可以促进小植株的光合作用，促进植株良好的生长发育。

思考与练习

1. 简述植物组织培养技术的广义与狭义概念。
2. 简述外植体的含义。
3. 根据外植体的不同，植物组织培养可以分为几种？比较常用的是哪些？
4. 植物组织培养具有哪些特点？
5. 你认为植物组织培养技术在目前的农业生产中有什么价值？为什么？

项目二　植物组织培养的基本原理

知识目标

1. 了解组织培养的基本理论；
2. 掌握分析解决组培问题的必要理论知识。

技能目标

了解提高组培苗遗传稳定性的措施。

任务一　细胞的全能性和植物的再生性

一、植物细胞的全能性

细胞的全能性是指植物的每个细胞都具有该植物的全部遗传信息和发育成完整植株的能力。细胞的全能性只有在适当的条件下才能表达出来。植物细胞全能性的表达要经过一个从分化状态到脱分化的愈伤组织(或悬浮细胞)的中间形式,然后进入再分化和再生过程。

根据细胞学理论,细胞是生物有机体的基本结构单位,特别是植物细胞又是在生理上、发育上具有较强潜在全能性的单位。在植物的生长发育中,从一个受精卵产生具有完整形态和结构机能的植株,这是全能性,是该受精卵具有该物种全部遗传信息的表现。同样,植物的体细胞也是从合子的有丝分裂产生的,也具有全能性,具备遗传信息的传递、转录和翻译的能力。在一个完整的植株上,某部分的体细胞只表现一定的形态,承受一定的功能,这是由于它们受到自身遗传物质以及具体器官或组织所在环境的束缚,但其遗传潜力并没有丧失,一旦脱离原来所在的器官或组织,成为离体状态,在一定的营养、激素和外界条件的作用下,就可能表现出全能性而生长发育成完整的植株。

二、植物细胞的分裂和分化

植物体的个体发育是植物细胞不断分裂、生长和分化的结果。植物在受精卵发育成成年植株的过程中,最初受精卵重复分裂,产生一团比较一致的分生细胞,以后细胞分裂逐渐局限于植物幼体的某些特定部位,譬如根尖、茎尖等分生区,而大部分的细胞停止分裂,只进行生长和分化。

细胞分裂是活细胞自我繁殖的过程,是一个细胞分裂为两个细胞的过程。分裂前的细胞称为母细胞,分裂后形成的新细胞称为子细胞。细胞分裂通常包括细胞核分裂和细胞质分裂两步。在核分裂过程中,母细胞把遗传物质传给子细胞。在单细胞生物中,细胞分裂就是个体的繁殖；在多细胞生物中，细胞分裂是个体生长、发育和繁殖的基础。

细胞分化是指在个体发育中，由一个或一种细胞增殖产生的后代，在形态结构和生理功能上发生稳定性的差异的过程。细胞分化是指细胞在分裂过程中发生结构和功能上的改变，逐渐失去分裂能力，从而产生差异化而逐渐形成各类植物组织和器官。细胞分裂是细胞分化的基础，生物体的生长发育是细胞分裂和细胞分化共同作用的结果。细胞分化是组织分化和器官分化的基础，是离体培养再分化和植株再生得以实现的基础。细胞分化是一个复杂的问题，同一植物的所有细胞均来自于受精卵，它们具有相同的遗传物质，但它们却可以分化成不同的形态；即使同一个细胞，在不同的内外条件下也可能分化成不同的类型，是细胞中的基因在特定的时间和空间条件下选择性表达的结果。细胞为什么会分化成不同的形态？如何去控制细胞的分化使其更好地被人类利用？这些问题已成为当今植物学领域最使人感兴趣的问题。从 20 世纪初开始，人类在这一领域开展了广泛的探索，逐渐了解分化受多种内外因素的影响，例如细胞的极性、细胞在植物体中的位置、细胞的发育时期、各种激素和某些化学物质，以及光照、温度、湿度等物理因素都能影响分化。在种子植物的胚胎中，细胞在形态上已显出了初步的分化，在光学显微镜中可看到细胞的大小、形状、原生质的稀稠及细胞的排列方式等随细胞所处部位而不同。进而，在胚胎发育成幼苗的过程中，细胞分化更为明显，行使不同功能的细胞逐渐形成与之相适应的特有的形态，即在植物体中分化出了各种不同类型的细胞群，从而使植物体的成熟部分具有复杂的内部结构。在系统发育上，植物越进化，细胞分工越细致，细胞的分化就越剧烈，植物体的内部结构也就越复杂。单细胞和群体类型的植物，细胞一般没有分化或分化不明显，植物体只由一种类型的细胞组成。多细胞植物，细胞或多或少会分化，细胞类型增加，植物体的结构趋向复杂化。由种子萌发到长成完整植株，这是胚性细胞不断分裂和分化的结果，主要是引起细胞分裂，诱导芽的形成和促进芽的生长。

在组织培养过程中，对烟草髓或茎切段进行组织培养时，使用细胞分裂素可使已停止分裂的髓细胞重新分裂。这种现象曾被用于细胞分裂素的生物测定。茎切段后的分化常受细胞分裂素及生长素比例的调节，当细胞分裂素对生长素的浓度比值高时，可诱导芽的形成；反之则有促进生根的趋势。如对抑制的腋芽局部施用细胞分裂素，可以解除顶端对腋芽的抑制（即顶端优势）。研究发现，在天然的簇生植物（莲座状植物）或由于病害发生“丛枝病”的植物里，常含有较多的细胞分裂素。

三、植物细胞脱分化与再分化

脱分化在植物中也普遍存在，如秋季落叶就是其叶柄基部已分化的薄壁细胞恢复分生能力，形成离层细胞的过程。自然情况下，植物受到创伤刺激，则内源激素进行调控而启动脱分化，恢复分生能力，形成愈伤组织，对受伤组织进行保护或修复等。愈伤组织是指在人工培养基上经诱导后外植体表面长出来的一团无序生长的薄壁细胞。脱分化被认为是已有特定结构和功能的植物组织，在一定的条件下，其细胞被诱导而改变原有的发育途径，逐渐失去原来的结构和功能而恢复分生状态，形成无组织结构的细胞团或愈伤组织的过程，或者叫做去分化。其特征是已失去分裂能力的细胞重新获得了分裂能力。脱分化是分化的逆过程。脱分化的难易程度与植物的种类、组织和细胞的状态有关，一般单子叶植物比双子叶植物难；成熟的植物细胞和组织比未成熟的植物细胞和组织难；单倍体细胞比二倍体细胞难。

脱分化产生的愈伤组织继续进行培养，又可以重新分化成根或芽等器官，这个过程叫做再分化。再分化形成的试管苗，移栽到地里，可以发育成完整的植物体，依据的原理是植物细胞的全能性。

任务二　植物激素在形态建成中的作用

植物激素是植物体内合成的对植物生长发育有显著作用的几类微量有机物质。这些微量物质从产生部位移动到作用部位，在极低的浓度下就有明显的生理效应，也被称为植物天然激素或植物内源激素。植物激素是由植物自身代谢产生的一类有机物质，是植物细胞接受特定环境信号诱导产生的、低浓度时可调节植物生理反应的活性物质。其在细胞分裂与伸长、组织与器官分化、开花与结实、成熟与衰老、休眠与萌发以及离体组织培养等方面，分别或相互协调地调控植物的生长发育与分化。

在植物个体发育中，从种子发芽、营养生长、繁殖器官形成乃至整个成熟过程，主要由激素控制。在种子休眠时，代谢活动大大降低，也是由激素控制的。植物激素的作用机理是：植物体内的激素与细胞内某种称为激素受体的蛋白质结合后即表现出调节代谢的功能。激素受体与激素有很强的专一性和亲和力。有些受体存在于质膜上，与吲哚乙酸结合后改变质膜上质子泵活力，影响膜透性。有些受体存在于细胞质和细胞核中，与激素结合后影响DNA、RNA和蛋白质的合成，并对特殊酶的合成起调控作用。

一、常见的植物激素

植物激素主要分为以下几类：生长素(auxin)、赤霉素(GA)、细胞分裂素(CTK)、脱落酸(abscisic acid，ABA)、乙烯(ethylene，ETH)和油菜素甾醇(brassinosteroid，BR)。它们都是一些简单的小分子有机化合物，但它们的生理效应却非常复杂多样。例如从影响细胞的分裂、伸长、分化到影响植物发芽、生根、开花、结实、性别的决定、休眠和脱落等。所以，植物激素对植物的生长发育有重要的调节控制作用。

植物激素的化学结构已为人所知，可以人工合成相似的具有植物激素活性的物质，称为生长调节剂，也称为外源植物激素。目前，赤霉素还不能人工合成，市场上出售的赤霉素试剂是从赤霉菌的培养过滤物中制取的。

(一)生长素

1880年C Darwin研究植物向性运动时，发现植物幼嫩的尖端受单侧光照射后产生的一种影响，能传到茎的伸长区而引起弯曲。1928年荷兰的F. W. 温特从燕麦胚芽鞘尖端分离出一种具生理活性的物质，称为生长素，它正是引起胚芽鞘伸长的物质。1934年荷兰的F. 克格尔等从人尿中得到生长素的结晶，经鉴定为吲哚乙酸。

研究发现，生长素在低等和高等植物中普遍存在。生长素主要集中在幼嫩、正生长的部位，如禾谷类的胚芽鞘，双子叶植物的茎顶端、幼叶、花粉和子房以及正在生长的果实、种子等，它的产生具有“自促作用”；衰老器官中的含量极少。在植物体中，不同生育期的生长素处于动态变化中，可以由不同的前体合成生长素。通常吲哚乙酸是通过酶促反应从色氨酸合成的，而十字花科植物中合成吲哚乙酸的前体为吲哚乙腈，西葫芦中有相当多的吲哚乙醇，也可转变为吲哚乙酸。已合成的生长素又可被植物体内的酶或外界的光所分解，因而处于不断的合成与分解之中。用胚芽鞘切段证明植物体内的生长素通常只能从植物的形态上端(根尖分生区或芽)向下端(茎)运输,而不能相反。这种运输方式称为极性运输,能以远快于扩散的速度进行。但从外部施用的生长素类药剂的运输方向则随施用部位和浓度而不同,如根部吸收的生长素可随蒸腾流上升到地上幼嫩部位。

生长素的主要功能如下:

(1)低浓度的生长素有促进器官伸长的作用。生长素的浓度超过最适浓度时,会导致乙烯产生,生长的促进作用下降,甚至反会转为抑制。不同器官对生长素的反应不同,根最敏感,芽次之,茎的敏感性最差。生长素能促进细胞伸长的主要原因在于它能使细胞壁环境酸化、水解酶的活性增加,从而使细胞壁的结构松弛、可塑性增加,有利于细胞体积的增大。

(2)生长素还能促进RNA和蛋白质的合成,以及细胞的分裂与分化。生长素具有两重性,不仅能促进植物生长,而且能抑制植物生长。低浓度的生长素促进植物生长,过高浓度的生长素抑制植物生长。2,4-D曾被用做选择性除草剂。

(3)生长素类似物的作用。吲哚乙酸可以被人工合成。生产上使用的是人工合成的类似生长素的物质,如吲哚丙酸、吲哚丁酸、萘乙酸、2,4-D、4-碘苯氧乙酸等,可用于防止脱落、促进单性结实、疏花疏果、插条生根、防止马铃薯发芽等方面。

(二)赤霉素

1926年日本的黑泽在水稻恶苗病的研究中发现感病稻苗的徒长和黄化现象与赤霉菌有关。1935年薮田和住木从赤霉菌的分泌物中分离出了有生理活性的物质,定名为赤霉素(GA)。从20世纪50年代开始,英、美的科学工作者对赤霉素进行了研究,现已从赤霉菌和高等植物中分离出60多种赤霉素,分别命名为GA_1、GA_2等。赤霉素广泛存在于菌类、藻类、蕨类、裸子植物及被子植物中。商品生产的赤霉素是GA_3、GA_4和GA_7。GA_3又称赤霉酸,是最早分离、鉴定出来的赤霉素。

高等植物中的赤霉素主要存在于幼根、幼叶、幼嫩种子和果实等部位,由甲羟戊酸经贝壳杉烯等中间物合成,后证明其中含有一种能诱导细胞分裂的成分。赤霉素在植物体内运输时无极性,通常由木质部向上运输,由韧皮部向下或双向运输。

赤霉素最显著的作用是促进植物茎伸长。无合成赤霉素遗传基因的矮生品种,用赤霉素处理可以明显地引起茎秆伸长。赤霉素也可促进禾本科植物叶的伸长。在蔬菜生产上,常用赤霉素来提高茎叶用蔬菜的产量。一些需低温和长日照才能开花的两年生植物,干种子吸水后,用赤霉素处理可以代替低温作用,使之在第一年开花。赤霉素还可促进果实发育和单性结实,打破块茎和种子的休眠,促进发芽。干种子吸水后,胚中产生的赤霉素能诱导糊粉层内α-淀粉酶的合成和其他水解酶活性的增加,促使淀粉水解,加速种子发芽。目前,在啤酒工业上多用赤霉素促进α-淀粉酶的产生,避免大麦种子由于发芽而造成的大量有机物消耗,从而节约成本。

(三)细胞分裂素

1955年美国人F.斯库格等在烟草髓部组织培养中偶然发现培养基中加入从变质鲱鱼精子提取的DNA,可促进烟草愈伤组织强烈生长。后证明其中含有一种能诱导细胞分裂的成分,称为激动素。第一个天然细胞分裂素是1964年D.S.莱瑟姆等从未成熟的玉米种子中分离出来的玉米素。以后从植物中发现了十多种细胞分裂素,都是腺嘌呤的衍生物。

高等植物细胞分裂素存在于植物的根、叶、种子、果实等部位。根尖合成的细胞分裂素可向上运到茎叶，但在未成熟的果实、种子中也有细胞分裂素形成。细胞分裂素的主要生理作用是促进细胞分裂和防止叶子衰老。绿色植物的叶子衰老、变黄是由于其中的蛋白质和叶绿素分解；而细胞分裂素可维持蛋白质的合成，从而使叶片保持绿色，延长其寿命。细胞分裂素还可促进芽的分化，可用于防止脱落、促进单性结实、疏花疏果、插条生根、防止马铃薯发芽等方面。人工合成的细胞分裂素苄基腺嘌呤常用于防止莴苣、芹菜、甘蓝等在贮存期间衰老、变质。在组织培养中，当细胞分裂素的含量大于生长素的含量时，愈伤组织容易发芽；反之容易生根。

（四）脱落酸

20 世纪 60 年代初，美国人 F. T. 阿迪科特和英国人 P. F. 韦尔林分别从脱落的棉花幼果和桦树叶中分离出脱落酸。脱落酸存在于植物的叶、休眠芽、成熟种子中，通常在衰老的器官或组织中的含量比在幼嫩部分中的多。

脱落酸的主要作用是抑制细胞分裂，促进叶和果实的衰老和脱落，抑制种子萌发，抑制 RNA 和蛋白质的合成，从而抑制茎和侧芽生长，因此是一种生长抑制剂，有利于细胞体积增大。脱落酸与赤霉素有拮抗作用。脱落酸通过促进离层的形成而促进叶柄的脱落，还能促进芽和种子休眠。种子中较高的脱落酸含量是种子休眠的主要原因。经层积处理的桃、红松等种子，因其中的脱落酸含量减少而易于萌发。脱落酸也与叶片气孔的开闭有关，小麦叶片干旱时，保卫细胞内脱落酸的含量增加，气孔就关闭，从而可减少蒸腾失水。脱落酸的合成部位是根冠、萎蔫的叶片等。

（五）乙烯

早在 20 世纪初人们就发现用煤气灯照明时有一种气体能促进绿色柠檬变黄而成熟，这种气体就是乙烯。但直至 20 世纪 60 年代初期人们用气相层析仪从未成熟的果实中检测出极微量的乙烯后，乙烯才被列为植物激素。乙烯广泛存在于植物的各种组织、器官中，是由蛋氨酸在供氧充足的条件下转化而成的，可在植物体的各个部位合成。

乙烯的产生具有“自促作用”，即乙烯的积累可以刺激更多的乙烯产生。乙烯可以促进 RNA 和蛋白质的合成，并使细胞膜的通透性增加，加速呼吸作用。因而果实中乙烯的含量增加时，可促进其中有机物质的转化，加速成熟。乙烯也有促进器官脱落和衰老的作用。用乙烯处理黄化幼苗茎，可使茎加粗和叶柄偏上生长。乙烯还可使瓜类植物的雌花增多，促进橡胶树、漆树等排出乳汁。

乙烯是气体，在田间应用不方便。一种能释放乙烯的液体化合物 2-氯乙基膦酸（商品名乙烯利）已被广泛应用于果实催熟、棉花采收前脱叶和促进棉铃开裂吐絮、刺激橡胶乳汁分泌、水稻矮化、增加瓜类雌花及促进菠萝开花等。

（六）其他激素

其他激素主要有油菜素甾醇、水杨酸、茉莉酸等。油菜素甾醇逐渐被公认为第六大类植物激素，是甾体类激素，与动物甾体激素的作用机理不同，其具有促进细胞伸长和细胞分裂、促进维管分化、促进花粉管伸长而保持雄性育性、加速组织衰老、促进根的横向发育、维持顶端优势、促进种子萌发等生理作用。

二、激素在组织培养中的应用

在植物组织培养过程中，外植体往往通过器官发生的途径来再生植株，但根和芽的产生并不是同步的。1955 年，Skoog 和 Miller 提出了有关植物激素控制器官形成的理论，即根芽激素理论：生根和分化由生长素和细胞分裂素的比值决定，二者比值高时促进生根，比值低时促进茎芽的分化，比值适中时组织倾向于以一种无结构的方式生长。通过改变培养基中这两类激素的相对浓度可以控制器官的分化。植物激素是影响器官建成的主要因素，根芽激素理论适用于大多数物种。在不同植物组织中这些激素的内源水平不同，器官发生的能力有差异，造成不同组织来源的外植体可能在相同的培养条件下诱导再生的器官类型不同，对于某一具体的形态发生过程来说，要求的外源激素的水平也会有所不同。

任务三 植物组培苗的遗传稳定性

遗传稳定性问题即保持原有物种特性的问题，是植物组织培养的基本特性。植物组织培养中可获得大量形态、生理特性不变的植株。但在愈伤组织或悬浮诱导培养过程中，经常会出现一些变异个体，其中有些变异是有益的，而更多的是不良变异，譬如造成观赏植物不开花、花小或花色不正，果树不结果、抗性下降或果小、产量低、品质差等，给生产造成很大损失。因此，组培苗遗传稳定性问题是植物组织培养的一个重要问题。

一、影响组培苗遗传稳定性的因素

（一）基因型

基因型不同，发生变异的频率也不同。如在玉簪组培过程中，杂色叶培养的变异频率为 43%，而绿色叶仅为 1.2%；香龙血树愈伤组织培养再生植株全部发生变异。嵌合体植株通过组培，其嵌合性变异更大。单倍体和多倍体变异大于二倍体。同一植株的不同器官的外植体对无性系变异率也有影响，在菠萝组织培养中，来自幼果的再生植株几乎 100%出现变异，而来自冠芽的再生植株的变异率只有 7%，似乎表明从分化水平高的组织产生的无性系较从分生组织产生的无性系更容易出现变异。

（二）继代次数与继代时间

据报道，试管苗继代培养的次数和时间影响植物的稳定性，是造成变异的关键因素。一般随着继代次数和时间的增加，变异频率不断提高。朱靖杰(1995)报道，香蕉诱导不定芽产生，其变异率：继代 5 次为 2.14%；继代 10 次为 4.2%；继代 20 次后则 100%发生变异，因而香蕉的继代培养不能超过一年。研究表明，变异往往出现在由年龄渐老的培养物所再生的植株中，而由幼龄培养物再生的植株一般较少发生变异。另外，长期营养繁殖的植物变异率较高，有人认为这是由于在外植体的体细胞中已经积累了遗传变异。

（三）发生方式

离体器官的发生方式有多种类型，茎尖、茎段等发生不定芽的方式繁殖，不易发生变异或变异率极低。甘肃农业大学通过节培法繁殖名贵葡萄品种，经 5～8 年继代培养，其变异频率与常规方法相同，在数万株中仅发现 1 株变异；菊花通过茎尖、腋芽培养变异率较低，而从花瓣诱导的植株的变异率则较高。通过胚状体发生途径再生植株的变异率较低，而通过愈伤组织和悬浮培养分化不定芽的方式而获得再生植株的变异率较高。

（四）外源激素

培养基中的外源激素是诱导体细胞无性系变异的重要原因之一。一般认为，较低浓度的外源激素能够有选择地刺激多倍体细胞的有丝分裂，而较高浓度的外源激素则能抑制多倍体细胞的有丝分裂。国外有学者的研究指出，2,4-D的作用浓度为0.25mg/L时，能够增加多倍体细胞的有丝分裂，减少二倍体细胞的有丝分裂；但若2,4-D的作用浓度为20mg/L，则能促进二倍体细胞的有丝分裂。在高浓度外源激素的作用下，细胞分裂和生长加快，不正常分裂频率增高，再生植株变异也增多。

二、减少变异，提高遗传稳定性的措施

在组培工厂化快速繁殖过程中，产生大量与亲本性状完全一致的个体是很重要的。进行植物快速微繁时，应尽量采用不易发生体细胞变异的增殖途径，以减少或避免植物个体或细胞发生变异。具体措施如下：①采用生长点、腋芽生枝、胚状体繁殖方式，可有效减少变异；②缩短继代时间，限制继代次数，每隔一定继代次数后重新进行初代培养；③取幼龄的外植体材料；④采用适当的激素种类和较低的浓度；⑤培养基中减少或不使用容易引起诱变的化学物质；⑥定期检测，及时剔除生理、形态异常苗，并进行多年跟踪检测，调查再生植株开花结实特性，以确定其生物学性状和经济性状是否稳定。

思考与练习

1. 什么是植物细胞的全能性？什么是植物的再生性？
2. 什么是细胞的分化？细胞的脱分化与再分化是否相同？为什么？
3. 植物激素在植物组织培养中有哪些作用？如果没有激素，组织培养能否实现？
4. 如何提高组织培养的遗传稳定性？

项目三　植物组织培养的实验室设计及所需培养条件

知识目标

1. 掌握组织培养实验室的设计和组成以及各组成部分的作用；
2. 了解组织培养所用仪器、设备和器皿；
3. 掌握调控组织培养的主要环境条件的方法。

技能目标

1. 掌握组织培养常用的实验仪器和设备的使用方法；
2. 能够独立设计商业性组织培养实验室和小型工厂。

任务一　植物组织培养的实验室设计

植物组织培养是在严格的无菌条件下进行的。要实现组织培养，就需要一定的设备、器材和用具，同时还需要人工控制温度、光照、湿度等培养条件。在进行植物组织培养工作之前，首先要全面了解实际需要的基本条件，以便因地制宜地利用现有条件。因为植物组织培养是一项技术性很强的工作，建造实验室或育苗工厂所需投资较大，建成后的运转费用和维护费用也比较高，因此，要科学、合理地设计组织培养实验室。应按组织培养程序来设计，避免某些环节倒排，引起日后工作混乱。要根据工作目的和规模来精心设计实验室。

一、实验室的设计原则与总体要求

（一）设计原则

（1）防止污染。控制住污染，组织培养就成功了一半。

（2）按照工艺流程科学设计，使之经济、实用和高效。

（3）结构和布局合理，工作方便，节能、安全。

（4）规划设计与工作目的、规模及当地条件等相适应。

（二）总体要求

（1）实验室选址时要避开污染源，且水电供应充足，交通运输要便利。

（2）保证实验室环境清洁，从根本上有效控制污染。这是组织培养成功的最基本要求。否则会使植物组织培养遭受不同程度甚至是不可挽回的损失。因此，过道、设备防尘，外来空气的过滤装置等设计是必要的。

（3）建造实验室时，应采用产生灰尘最少的建筑材料；墙壁和天花板、地面的交界处宜做成弧形，便于日常清洁；管道要尽量暗装，安排好暗敷管道的走向，便于日后的维修，并能确保在维修时不造成污染；洗手池、下水道的位置要适宜，下水道的开口位置应对实验室的洁净度影响最小，并有避免污染的措施；设置防止昆虫、鸟类、鼠类等动物进入的设施。

(4)接种室、培养室的装修材料须经得起消毒、清洁和冲洗，并设置能确保与其洁净度相应的控温、控湿设施。

(5)实验室电源应经专业部门设计、安装和验证合格之后方可使用。应有备用电源，确保停电时能继续操作。

(6)实验室必须满足实验准备(器皿的洗涤与存放、培养基制备和无菌操作、用具的灭菌)、无菌操作和控制培养三项基本工作的需要。

(7)实验室各分室的大小、比例要合理。一般要求培养室与其他分室(除驯化室外)的面积之比为 3∶2；培养室的有效面积(即培养架所占面积，一般占培养室总面积的 2/3)与生产规模相适应。

(8)实验室的采光、控温方式应与气候条件相适应。可采用人工光照或恒温控制，实验室采用密封式或半地下式。

二、植物组织培养实验室的组成

一个标准的组织培养实验室应当包括准备室、洗涤室、配置室、接种室、培养室、观察室、驯化棚室等。在实际中可结合实际条件合并一部分分室。

(一)准备室

准备室要求明亮、通风。在准备室内要完成培养基制备以及试管苗出瓶、清洗与整理工作。如果房间较多，可将准备室分为洗涤室和配置室两个部分。

(二)洗涤室

洗涤室完成玻璃器皿和其他仪器的清洗、干燥和贮存。室内应配备大型水槽，用于培养器皿的洗涤，最好是内衬白瓷砖的水泥槽。为防止碰坏玻璃器皿，可铺橡胶板，上下水道要畅通。应备有大型塑料筐，用于放置培养器皿。培养器皿可直接置于搁架上，以节约空间和便于运输工作。

(三)配置室

配置室主要完成培养基的配制、分装、包扎和高压灭菌等工作。为完成培养基的制备工作，配置室应配备以下仪器与设备：

(1)大型工作台：其高度应方便配制工作。

(2)药品柜：用以放置常用药品。

(3)普通冰箱：主要用于贮存母液，各种易变质、易分解的化学药品以及植物材料等。

(4)电子分析天平和托盘天平：电子分析天平的精确度为 0.001g，用于称取大量元素、微量元素、维生素、激素等微量药品；托盘天平的精确度为 0.1g，用于称取用量较大的糖和琼脂等。天平应放置在干燥、不受振动的固定操作台上。

(5)电蒸馏水器：采用硬质玻璃或金属制成。蒸馏水用于配制母液或培养基。配制培养基时可用自来水代替蒸馏水，若实验要求严格，则须用蒸馏水。

(6)磁力搅拌器：磁力搅拌器用于加速搅拌难溶的物质，如各种化学物质、琼脂粉等。磁力搅拌器还可加热，使之更利于溶解。

(7)恒温水浴锅：水浴锅用于难溶药品的溶解、琼脂的溶化等。若没有水浴锅，也可用1500W或2000W电炉或电饭锅代替。电炉应配有铝锅。

(8)酸度计：组织培养中培养基pH值的准确度是十分重要的，应当使用酸度计测量。若无酸度计，也可使用pH试纸进行粗测。首次使用酸度计前，应用标准液调节定位，然后固定。测量pH值时，待测液必须充分搅拌均匀。如果培养基温度过高，测量时要调整酸度计上的温度钮使之和培养基温度相当。注意保护好玻璃电极，用后电极应用蒸馏水冲洗净，盖上电极帽。

(9)培养基分装设备：小型组织培养实验室可采用烧杯、漏斗等作为分装培养基的工具。也可采用医用“下口杯”作为分装工具，在“下口杯”的下口管上套一段软胶管，加一弹簧止水夹，使用时非常合用。更大规模或要求更高效率时，可考虑采用液体自动定量灌注设备。

(10)高压灭菌锅：用以进行培养基和器械用具的灭菌。小规模实验室可选用小型手提式高压灭菌锅。如果是连续的大规模生产，应选用大型立式的或卧式的高压灭菌锅。通常用电作能源。

(11)烘箱：用于干燥洗净的玻璃器皿，也可用于干热灭菌和测定干物重。用于干燥时需保持80～100℃；进行干热灭菌时需保持150℃，达1～3h；若测定干物重，则应控制在80℃烘干。

(12)恒温培养箱：内有温度调节器。生化培养箱还配有光源，用于植物材料的培养。

(四)接种室

接种室是进行植物材料的分离接种及培养物转移的一个重要操作室(可分为缓冲间和无菌操作室两个部分)。其无菌条件的好坏对组织培养成功与否起重要作用。在工作方便的前提下，无菌操作室宜小不宜大，一般为7～8m^2；要求地面、天花板及四壁尽可能密闭、光洁，易于清洁和消毒。无菌操作室应配置拉动门，以减少开关门时的空气扰动。无菌操作室要求干爽、安静、清洁、明亮，在适当位置吊装1～2盏紫外线灭菌灯，用以经常照射灭菌。最好能安置一台小型空调，使室温可控，这样可让门窗紧闭，减少与外界的空气对流。

1. 缓冲间

无菌操作室应设有缓冲间，面积以2m^2为宜。进入无菌操作室前在此更衣换鞋，以减少进入时带入杂菌。缓冲间最好也安一盏紫外灭菌灯，用以照射灭菌。

2. 无菌操作室

(1)接种箱：在投资少的情况下，可以用接种箱来代替超净台。接种箱前面装有玻璃，便于操作中观察，左、右两侧各有一个孔，孔内侧有布制袖套，上方装有紫外灯和日光灯。接种箱依靠密闭、药剂熏蒸和紫外灯照射来保证内部空间无菌。但操作活动受限制，准备时间长，工作效率低。接种箱可参考图3-1自行仿制。市场上多为有机玻璃做的接种箱。

(2)超净台：超净台的优点是操作方便自如，比较舒适，工作效率高，准备时间短。开机10min即可操作，可长时间使用。在工厂化生产中，接种工作量很大，需要经常长久地工作时，超净台是很理想的设备。超净台的功率为145～260W，它装有小型鼓风机，使空气穿过一个前置过滤器，在这里把大部分空气尘埃先过滤掉，然后再使空气穿过一个细致的高效过滤器，它除去了直径大于0.3m的尘埃、细菌和真菌孢子等。超净空气的流速为24～30m/min，这已足够防止附近空气袭扰而引起的污染，这样的流速也不会妨碍采用酒精灯对器械等的灼烧消毒。在这样的无菌条件下操作，就可以保证无菌材料在转移接种过程中不受污染。

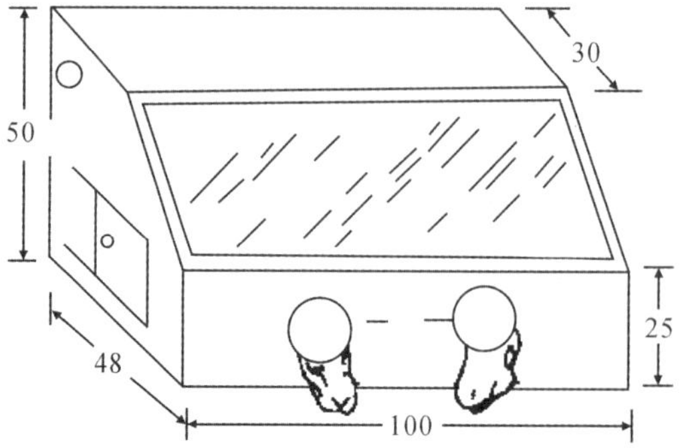

图 3-1 接种箱(单位:cm)

(3)解剖镜:解剖镜的种类较多,用于分离微茎尖可采用双筒实体解剖镜。双筒实体解剖镜在分离茎尖等较小组织时,便于观察、操作,通常放大 5～80 倍。放大 40 倍以上时操作需要有相当熟练的技术和较好的工具。为方便操作,要有照明装置。解剖镜上要求带有照相装置,根据需要随时对所需材料进行摄影记录。

(4)无菌操作器具:按单人超净台上的用量计,包括酒精灯 1 个;20～25cm 长的医用镊子 1 把;4 号解剖刀 1 把,解剖刀片若干;15cm 医用剪 1 把;500mL 广口瓶 1 只,内放酒精,用于浸泡镊子、刀、剪等;用于架放灼烧过的刀、镊子的小架。

(5)搁架:贮放高压灭菌后等待接种的培养基。

(五)培养室

培养室是将接种的材料进行培养生长的场所。培养室的大小可根据需要的培养架的大小、数目及其他附属设备而定。其设计以充分利用空间和节省能源为原则。其高度比培养架略高为宜,周围墙壁要求有绝热防火的性能。培养材料放在培养架上培养。培养架大多由金属制成,一般设 5 层,最低一层离地约 100cm,其他每层间隔 30cm 左右,培养架即高 1.7m 左右。因一般在每层上端装置日光灯,以供照明,所以培养架的长度都是根据日光灯的长度而设计的。如采用 40W 日光灯,则长 1.3m;30W 的长 1m 即可,宽度一般为 60cm。

培养室最重要的因子是温度,一般保持在 20～27℃,可安装窗式或立式空调机。要求温度因热带植物和寒带植物等的种类不同而异,最好不同种类有不同的培养室。室内湿度也要求恒定,相对湿度以保持在 70%～80%为好,可安装加湿器。培养架上装置日光灯时,可安装定时开关钟控制照明时间。植物组织培养的光照强度一般为 1 000～4 000lx,每天照明 10～16h,也有的需要连续照明。短日照植物需要短日照条件,长日照植物需要长日照条件。

现代组培实验室大多设计为采用天然太阳光照作为能源,这样不但可以节省能源,而且组培苗接受太阳光时生长良好,驯化易成活。在阴雨天则用灯光做补充。

(六)观察室

观察室可大可小,但一般不宜过大,以能摆放仪器和操作方便为准。要求房间安静、通风、清洁、明亮、干燥,保证光学仪器不振动、不受潮、不污染、不受光直射。观察室用于对培养材料进行细胞学或解剖学观察与鉴定;植物材料的摄影记录;对培养物的有效成分进行取样检测。需配置倒置显微镜、荧光显微镜、解剖镜、图像拍摄处理设备、离心机、酶联免疫检测仪、电子天平、PCR 扩增仪、电导率仪、血球计数器、微孔过滤器(细胞过滤器)、水浴锅、细胞微室等理化实验设备和移液枪等用具。

(七)驯化棚室

组培苗的驯化移栽通常在温室或塑料大棚内进行,其面积大小视生产规模而定。要求环境清洁、无菌,具备控温、保湿、遮阴、防虫和采光良好等条件。需要具备弥雾装置、遮阳网、暖气或地热线、移栽床(固定式或活动式)等设施;塑料钵、花盆、穴盘等移栽容器;草炭、沙子等移栽基质。

任务二　植物组织培养的其他用具

一、玻璃器皿

配制培养基和进行组织培养需要大量的玻璃器皿,要求由碱性溶解度小的硬质玻璃制成,以保证长期贮存药品及培养的效果;组织培养用的玻璃器皿还要求透光度好,能耐高压、高温,能方便放入培养基和培养材料。根据培养的目的和要求,可以采用不同种类、规格的玻璃器皿,其中以试管、三角瓶、培养皿等的使用较多。

最常使用的是三角瓶,规格有 100mL、250mL、500mL 等,一般使用 100mL 三角瓶,无论静止或振荡培养皆适用。其培养面积大,有利于组织生长,受光也比试管好;由于瓶口较小,亦不易被污染。培养皿常用 9cm、12cm 直径等规格,要求上、下能密切吻合。在游离细胞、原生质体、花粉等的静置培养、看护培养,无菌种子的发芽,植物材料的分离等中都需采用培养皿。试管的常用口径为 18mm×180mm 和 20mm×200mm。试管可用于培养要求较高的试管苗,也不易被污染。

培养器皿还可就地取材,采用一些代用品。工厂化生产可采用广口的 200mL 罐头瓶,加盖半透明的塑料盖,由于瓶口大,因此大量繁殖时操作方便、工作效率高,也减少了培养材料的损伤。缺点是易引起污染。

目前,培养容器和制备培养基所需的玻璃器皿逐渐被塑料器皿所代替。塑料容器具有质轻、透明、不易破碎、成本低等优点。培养容器多为平底方形盒,可增加培养的植株数,并能一层层地叠摞起来,从而节约空间。这类塑料制品多采用聚丙烯材料制成,能耐高温,可进行高压灭菌。有些产品为一次性消耗品,不但可节省洗涤人工,还可节省时间,提高效率。一次性塑料容器或带螺丝帽的玻璃瓶,无须另外配盖,使用起来非常方便。

瓶口封塞可用多种方法,要具有一定的通气性和密闭性,以防止培养基干燥和杂菌污染。以前封口常用棉塞,但这种封口办法在夏季极易受污染,且不易保持培养基的湿度。现在多采用聚丙烯塑料膜作为封口,以线绳结扎或橡皮圈箍扎。为了增加通气性,可在里面衬一层硫酸纸或牛皮纸,经济、方便,且通气好。也可采用专用的封口材料,如封口膜。

在组织培养中配制培养基、贮藏母液、消毒材料等需要各种化学实验用的玻璃器皿,包括 100mL、250mL、1 000mL 烧杯;100mL、1 000mL 量筒;100mL、1 000mL 试剂瓶(棕色)等。

二、器械用具

(一)镊子类

主要采用医疗上用的镊子,根据操作的需要有各种类型。若用 100mL 的三角瓶作为培养瓶，可用 20cm 长的镊子。镊子过短，容易使手接触瓶口，造成污染；镊子太长，使用起来不灵活。某些微小部分的精细操作则用钟表镊子。如在分离茎尖幼叶时，由于钟表镊子的尖端锋利，因此几乎可代替剪刀使用。

（二）剪刀类

可采用五官科用的中型剪刀，主要用于切断茎段、叶片等。也可以用弯形剪刀，由于其头部弯曲，可以深入到瓶口中进行剪切。

（三）解剖刀

切割较小材料时可用解剖刀。分离茎尖分生组织，有时也用解剖刀。常用的解剖刀刀片可以经常调换，刀口要保持锋利状态，否则切割时会造成挤压，引起周围细胞组织大量死亡，影响培养效果。

（四）接种针

接种针用于深入到培养瓶中转移细胞或愈伤组织，也可用于分离微茎尖的幼叶。

任务三　植物组织培养需要的条件

在植物组织培养中温度、光照、湿度等各种环境条件，培养基组成、pH 值、渗透压等各种化学环境条件都会影响组培苗的生长和发育。

一、温度

温度是组织培养过程中的重要因素。组织培养在最适温度下生长分化表现良好，大多数组织培养都是在 23～27℃进行，很多研究者采用了(25±2)℃的恒温条件。低于 15℃时培养，组织会表现生长停止；高于 35℃时对生长不利。但是，不同植物培养的适温不同。百合的最适温度是 20℃，月季是 25～27℃，番茄是 28℃。温度不仅影响组培苗的生长速度，而且影响其分化增殖以及器官建成等发育进程。如烟草芽的形成以 28℃为最好，在 12℃以下或 33℃以上时形成率皆最低。

不同培养目标采用的培养温度也不同，百合鳞片在 30℃下再生的小鳞茎的发叶速度和百分率都比在 25℃下的高；桃胚在 2～5℃条件进行一定时间的低温处理，有利于提高胚培养成活率；用 35℃处理草莓的茎尖分生组织 3～5d，可得到无病毒苗。

二、光照

组织培养中光照也是重要的条件之一，主要表现在光照强度、光质以及光照周期方面。

（一）光照强度

光照强度对培养细胞的增殖和器官的分化有重要影响。从目前的研究情况看，光照强度对外植体、细胞的最初分裂有明显的影响。一般来说，光照强度较强，幼苗生长得粗壮；而光照强度较弱，幼苗容易徒长。

（二）光质

光质对愈伤组织的诱导、培养组织的增殖以及器官的分化都有明显的影响。如百合珠芽在红光下培养，8 周后分化出愈伤组织；但在蓝光下培养，几周后才出现愈伤组织。而唐菖蒲子球块接种 15d 后，在蓝光下培养，首先出现芽，形成的幼苗生长旺盛；而白光下，幼苗纤细。

（三）光照周期

培养试管苗时要选用一定的光照周期来进行组织培养，最常用的周期是16h的光照，8h的黑暗。研究表明，对短日照敏感的品种的器官组织，在短日照下易分化，而在长日照下产生愈伤组织，有时需要暗培养，尤其是一些植物的愈伤组织在黑暗中比在光下更好，如红花、乌柏树的愈伤组织。

三、湿度

湿度的影响包括培养容器和环境的湿度条件。容器内主要受培养基水分含量和封口材料的影响，而前者又受琼脂含量的影响。在冬季应适当减少琼脂用量，否则，将使培养基干硬，以致不利于外植体接触或插进培养基，导致生长发育受阻。封口材料直接影响容器内的湿度情况，但封闭度较高的封口材料易引起通透性受阻，也导致生长发育受影响。

环境的相对湿度可以影响培养基的水分蒸发，一般要求70%～80%的相对湿度，常用加湿器或经常洒水的方法来调节湿度。湿度过低会使培养基丧失大量水分，导致培养基各种成分浓度的改变和渗透压的升高，进而影响组织培养的正常进行；温度过高时，易引起棉塞长霉，造成污染。

四、渗透压

培养基中添加的盐类、蔗糖、甘露醇及聚乙二醇类高分子化合物，引起渗透压的变化。1～2个大气压对生长有促进作用，2个大气压以上就对生长有阻碍作用，5～6个大气压时生长完全停止，6个大气压时细胞就不能生存。

五、pH值

不同的植物对培养基最适pH值的要求也是不同的（表3-1），大多在5～6。一般培养基皆掌握在5.8，这基本能适应大多数植物培养的需要。

表3-1　不同植物的最适pH值

种　类	最适pH值	种　类	最适pH值
杜鹃	4.0	月季	5.8
越橘	4.5	胡萝卜、石刁柏	6.0
蚕豆	5.5	桃	7.0
番茄、葡萄	5.7	马铃薯	5.8

最适pH值因材料而异，也因培养基的组成而不同。以硝态氮作氮源和以铵态氮作氮源就不一样，后者的pH值较高一些。一般来说，当pH值高于6.5时，培养基全变硬；低于5时，琼脂不能很好地凝固。因为高温灭菌会降低pH值（0.2～0.3单位），因此在配制时常提高pH值0.2～0.3单位。可用0.1mL的NaOH和0.1mL的HCl来调整pH值。1mL的NaOH可使pH值升高0.2单位，1ml的HCL可使pH值降低0.2单位。调节时一定要充分搅拌均匀。

六、气体

氧气是组织培养中必需的因素，瓶盖封闭时要考虑通气问题，可用附有滤气膜的封口材料。通气最好的是棉塞封闭瓶口，但棉塞易使培养基干燥，夏季易引起污染。固体培养基可加进活性炭来增加通气度，以利于发根。培养室要经常换气，改善室内的通气状况。液体振荡培养时，要考虑振荡的次数、振幅等，同时要考虑容器的类型、培养基等。

思考与练习

1. 组织培养实验室应包括哪些组成部分？各部分的作用是什么？
2. 常规组织培养中需要什么设备和器械？
3. 组织培养中 pH 值有什么作用？pH 值过高或过低会有什么后果？如何调节培养基的 pH 值？
4. 在组织培养中如何根据外植体的不同调整适宜的培养温度？

项目四　植物组织培养操作技术

知识目标

1. 掌握植物组织培养实际操作的过程和原理；
2. 掌握组织培养相关仪器、设备的技术要求；
3. 掌握 MS 培养基中各成分的特点和培养基制备中各环节的要求；
4. 掌握接种室空间灭菌、无菌操作、培养和驯化的原理、特点及注意事项。

技能目标

1. 掌握植物组织培养过程中的操作技术；
2. 学会使用组织培养相关的设备和仪器；
3. 能根据 MS 配方制备 MS 培养基；
4. 能对接种室进行空间灭菌，能进行无菌接种操作，能对组培苗进行培养管理和驯化移栽。

植物组织培养是一项技术性和实践性强、无菌条件要求高的工作。掌握组织培养的工作程序和基本操作技术，是做好组织培养工作的基本要求。因此，在学习和实践中要掌握相关理论知识和技术要领，不断提升操作水平，这样才能更好地按照工作要求开展组织培养的研究和生产。

任务一　培养基及其配制

植物组织培养的完整过程一般包括制定培养方案、配制培养基、选择与处理外植体、接种、初代培养、继代培养、壮苗与生根培养、试管苗的驯化移栽等几个技术环节。

一、配制培养基的目的

完整植株具有根、茎、叶等器官，它们彼此分工协作，通过新陈代谢从环境中吸收营养，以自养方式建造自身。离体培养材料缺乏完整植株那样的自养机能，需要以异养方式从外界直接获得其生长发育所需的各种养分。配制培养基的目的就是人为提供离体培养材料的营养源，包括碳水化合物、矿质营养、维生素等，以满足离体材料的生长发育。按照不同配方配制的培养基，是为满足不同类型离体材料的营养需要。培养基是提供植物生长发育所需各种养分的介质。在离体培养条件下，不同植物以及同种植物不同部位的组织细胞对营养的要求不同，只有满足了它们各自的特殊要求，才能更好地生长发育。因此，理解培养基的组成及其作用，掌握培养基的配制及筛选方法，是取得组培成功的关键环节之一。

二、培养基的成分

组织培养过程中，外植体生长所需的营养和生长因子，主要是由培养基供应的。培养基的成分主要包括水、无机盐、有机物、植物激素、培养物的支持材料五大类，它们可以提供植物生长必需的各种营养元素和某些生理活性物质。这些物质可以分为以下几类：

(一)水分

水是植物原生质体的组成成分，也是一切代谢过程的介质和溶媒。配制培养基时选用蒸馏水或去离子水，不但可以保持培养基配制的准确性，也有利于减少发霉变质，延长培养基母液的贮藏时间。大规模生产时，配制培养基可用自来水代替蒸馏水。

(二)无机营养

无机营养又分为大量元素和微量元素。

1. 大量元素

大量元素一般指在培养基中浓度大于0.5mmol/L的元素，除碳(C)、氢(H)、氧(O)外，还有氮(N)、磷(P)、钾(K)、钙(Ca)、镁(Mg)、硫(S)等元素。

氮常用的是硝态氮(如硝酸钾等)和铵态氮(如硫酸铵等)，但大多数培养基以硝态氮为主，MS培养基和B_5培养基则既含硝态氮，又含铵态氮。通常铵的含量超过8.0mmol/L就对培养物有毒害作用，但在愈伤组织和细胞悬浮培养中，硝酸盐加上铵的浓度可以提高到60mmol/L。所以一些在含硝态氮的培养基上生长良好的植物材料，加铵态氮后生长效果更好。在胡萝卜胚状体的分化中，若培养基中仅含硝酸盐时则不能分化，只有铵盐同时存在时才会产生胚状体的分化。植物组织从培养基中吸收NO_3^-或NH_4^+后，经过一系列的反应转化成氨基酸，进而合成蛋白质，成为植物体的主要组成部分。

磷常由磷酸盐来提供，是植物必需元素之一。磷参与植物生命过程中的核酸合成、蛋白质合成、光合作用、呼吸作用以及能量的储存、转化与释放等重要生理生化过程，因此，植物组织培养中需要大量的磷。

在近代培养基中，钾的用量有提高的趋势，钙、镁、硫的需要量则较少，这些元素的浓度以1～3mmol/L较合适。它们影响着植物组织中酶的活性和方向，决定着新陈代谢的过程。钾对分化也有一定的促进作用。

2. 微量元素

微量元素一般指植物所需浓度小于0.5mmol/L的元素，包括铁、铜、钼、镁、锌、钠、锰、钴、硼、碘等。在植物组织培养中微量元素的需要量极微，多了就会引起植物细胞的酶系失活、代谢障碍、蛋白质变性以及组织死亡等毒害现象。培养基中添加10^{-7}～10^{-5}pmol/L浓度就可满足需要。在培养基的配制过程中，一些痕迹量的元素可从其他化学药品的杂质中带入，尤其在工厂化试管苗的生产过程中，水(自来水)、糖(市售白糖)带入的杂质更多。

铁是用量较多的一种微量元素，对植物组织叶绿素的合成和生长起重要作用。硫酸铁和氯化铁，在培养基pH值为5.2以上时，常生成$Fe(OH)_3$沉淀，使植物材料无法吸收而造成缺铁现象，故常用硫酸亚铁和乙二胺四乙酸二钠(Na_2-EDTA)结合成螯合铁，成为有机态被吸收和利用。

铜有促进离体根生长的作用；钼是合成活跃的硝酸还原酶所必不可少的元素，也是固氮酶的组成部分，还有防止叶绿素受破坏的作用；镁、锌和钠都是酶的组成成分，也有防止叶绿素被破坏的作用；锰与植物的呼吸作用、光合作用有关；硼与糖的运输、蛋白质的合成有关。总之，微量元素在生命活动过程中，在酶系中多以辅基形式起着重要的作用。

（三）有机营养

有机物质主要有两类：一是作为有机营养物质，为植物细胞提供碳、氢、氧、氮等必要元素，如糖类（蔗糖、葡萄糖和果糖）、氨基酸及其酰胺类（甘氨酸、天门冬酰胺、谷氨酰胺）；二是一些生理活性物质，在植物代谢中起一定作用，如盐酸硫胺素（B_1）、盐酸吡哆素（B_6）、烟酸、生物素、肌醇、单核苷酸及其碱基（如腺嘌呤等）。

1. 糖类

通常植物本身能进行光合作用产生糖类，不需要从外部供给糖，但在植物组织培养进行异养的状况下，大多不能进行光合作用来合成糖类，因此必须在培养基中添加糖，作为碳素来源和能量物质，同时糖对保持培养基的渗透压[一般需（1.5～4.1）×10^5 Pa]也有重要作用。糖的使用浓度大多为 2%～3%，花药培养和胚培养则采用 3%～15%的高浓度。使用最普遍的是蔗糖，此外还有葡萄糖和果糖。近来发现使用麦芽糖对植物诱导率的提高有一定作用。

2. 维生素类

植物组织培养中经常使用维生素 C、维生素 B_1（盐酸硫胺素）、维生素 B_6（盐酸吡吡素）、维生素 H（生物素）、叶酸、烟酸等，一般使用浓度为 0.1～10pmol/L。有的外植体、愈伤组织能够合成维生素，可以不必添加，但生长早期往往因缺乏合成而需加入。

维生素在植物材料的生长中起着重要作用，因为它们以辅酶的形式参与生物催化剂及酶系的活动，参与细胞的蛋白质、脂肪、糖代谢等重要生命活动。维生素 C 也有防止组织变褐的作用。维生素 B_1 与愈伤组织的产生和生活力有密切关系，其浓度过低，培养的组织不久就转为深褐色而死亡。维生素 B_6 对根的生长有促进作用。烟酸对植物的代谢过程和胚的发育都有一定作用。此外，在植物组织培养中还经常使用泛酸和泛酸钙等。

3. 肌醇

肌醇的主要生理作用在于参与碳水化合物代谢、磷脂代谢及离子平衡作用，对组织快速生长有促进作用，对胚状体和芽的形成有良好的影响，通常使用的浓度为 50～100pg/L。由于它可以由磷酸葡萄糖转变而成，因此有时可以省去不用。

4. 氨基酸

常用的氨基酸有甘氨酸、丝氨酸、酪氨酸、谷氨酰胺、天冬酰胺、水解酪蛋白（CH）、水解乳蛋白（LH）等，为重要的有机氮源。甘氨酸能促进离体根的生长，对植物组织的生长也有良好的促进作用，通常的用量为 2～3mg/L。丝氨酸、谷氨酰胺有利于花药胚状体或不定芽的分化。水解酪蛋白和水解乳蛋白也是多种氨基酸的混合物，对胚状体或不定芽的分化有良好的促进作用，通常的用量是 300～2 000pg/L。

5. 有机添加物

有机添加物是一些成分比较复杂（大多含氨基酸、激素、酶等）的复杂化合物，它们对细胞和组织的增殖与分化有明显的促进作用，但成分大多不清楚，含量也不稳定，所以一般应尽量避免使用，特别是新的生长调节物质不断产生，更缩小了它们的使用范围。但因其对一些难以培养的材料具有特殊作用，故在一些试验中还常使用。

(1)椰乳(CM)

CM是椰子的液体胚乳，也是使用最多、效果最明显的一种天然复合物。一般使用浓度为10%～20%，使用效果与其果实成熟度及产地的关系也很大。据日本农事试验场(1963)报道，切取0.2mm大小的马铃薯茎尖分生组织(不带或带一个叶原基)，接种在加10%经无菌过滤椰乳的Kassanis琼脂培养基上，同时与添加经过加热灭菌的椰乳的相同培养基作对比，表现出椰乳对生长的明显促进作用，尤以不加热椰乳的作用更为显著。但随培养期的延长，生长速度逐渐降低，经过3～4个月，生长几乎完全停止，一度绿化的组织也褪色、黄化，进而变褐、枯死。此时如将生长停止的茎尖组织转移到无椰乳的培养基上，则生长再度好转，20天后开始发芽，并能得到不少发芽的个体。在草莓茎尖培养中也发现同样的现象。茎尖组织的大小若超过1mm，椰乳就不发生作用。

(2)香蕉

香蕉的用量为100～200pg/L，一般用黄熟的小香蕉，加入培养基后变为淡褐色，具较大的pH缓冲作用。香蕉主要用于兰花的组织培养，对幼苗发育有促进作用。

(3)马铃薯

马铃薯去皮和芽后使用，用量为150～200g/L，煮30min，再经过滤，即可加入培养基。马铃薯汁也具有较大的pH缓冲作用。用添加马铃薯的培养基可得到健壮的植株。

(4)其他

酵母提取液，用量约为0.5%；麦芽提取液，用量为0.01%～0.5%；还有苹果汁、番茄汁、柑橘汁等。

(四)植物生长调节物质

植物生长调节物质是培养基中的关键物质，虽用量极小，但在植物组织培养中起着重要和明显的调节作用。植物生长调节物质包括生长素、细胞分裂素及赤霉素等。

1.生长素

生长素的主要作用在于诱导愈伤组织的形成，胚状体的产生以及试管苗的生根，更重要的是配合一定比例的细胞分裂素诱导腋芽及不定芽的产生。常用的生长素有2,4-二氯苯氧乙酸(2,4-D)、萘乙酸(NAA)、吲哚丁酸(IBA)、吲哚乙酸(IAA)等。它们作用的强弱顺序为：2,4-D＞萘乙酸＞吲哚丁酸＞吲哚乙酸。吲哚乙酸为天然植物生长素，也可用化学方法合成，它见光易分解，高温高压时也易破坏，故应置于棕色瓶中，放在4～5℃下保存。吲哚丁酸、萘乙酸和2,4-D都是人工合成的物质，它们在121℃下仍然稳定。

2.细胞分裂素

细胞分裂素有促进细胞分裂和分化，延迟组织衰老，增强蛋白质合成，抑制顶端优势，促进侧芽生长及显著地改变其他激素作用的特点。常用的细胞分裂素有激动素(KT)、6-苄基氨基嘌呤(6-BA)、玉米素(ZT)、2-异戊烯腺嘌呤(ZT)等。它们作用的强弱顺序为：玉米素＞2-异戊烯腺嘌呤＞6-苄基氨基嘌呤＞激动素。它们经高温高压灭菌后性能仍稳定，只是激动素受光易分解，故应在4～5℃低温黑暗下保存。

3.赤霉素

赤霉素在组织培养中使用的只有GA_3一种。它是一种天然产物，能促进已分化的芽的伸长生长。也可使用脱落酸(ABA)、乙烯利(CEDP)等。

2,4-D多用于诱导脱分化，而诱导再分化一般用NAA、IBA及IAA。通常认为生长素和细胞分裂素的比值大时有利于根的形成，这时生长素起主导作用；比值小时，则促进芽的形成，这时细胞分裂素起主导作用。低浓度2,4-D有利于胚状体的分化，但妨碍胚状体进一步发育。NAA有利于单子叶植物的分化。吲哚丁酸的诱导生根效果最好。应根据植物的种类和培养部位，选择适宜的生长调节物质的种类和浓度，才能有效地控制器官的分化。

（五）琼脂

琼脂是一种高分子碳水化合物，从海藻中提取。琼脂作为植物培养基的一种成分，其本身不具任何营养，它的主要作用是使培养基在常温下凝固，以作固体培养用。到目前为止，还没有发现更好的可取代琼脂的支持物。另外，琼脂还可以吸附某些代谢有害物质。琼脂能溶解在热水中，成为溶胶，冷却至40℃即凝固为固体状凝胶。通常所说的"煮化"培养基，就是使琼脂溶解于90℃以上的热水。琼脂条的用量在6～10g/L之间，琼脂粉的用量在3～4g/L之间，若浓度太高，培养基就会变得很硬，营养物质难以扩散到培养的组织中去。若浓度过低，凝固性不好。新买来的琼脂最好先试一下凝固力。一般琼脂以颜色浅、透明度好、洁净的为上品。琼脂的凝固能力除与原料、厂家的加工方式有关外，还与高压灭菌时的温度、时间、pH值等因素有关，长时间的高温会使凝固能力下降；过酸、过碱，加之高温，会使琼脂发生水解，丧失凝固能力；时间过久，琼脂变褐，也会逐渐丧失凝固能力。加入琼脂的固体培养基与液体培养基相比，优点在于操作简便，通气问题易于解决，便于经常观察研究等。但它也有不少缺点，如培养物与培养基的接触（即吸收）面积小，各种养分在琼脂中的扩散较慢，影响养分的充分利用。同时，培养物排出的一些代谢废物聚集在吸收表面，对组织产生毒害作用。

市售的各种琼脂几乎都含有杂质，特别是Ca、Mg及其他微量元素。因此，应考虑杂质对培养物的影响。若这种影响是负面的，应采取一定措施，对买来的琼脂做一些预处理，如用蒸馏水浸泡，或改用液体培养。例如，在研究植物组织或细胞的营养问题时，就应避免使用琼脂，在液体培养基表面安放一个无菌滤纸制成的滤纸桥，然后在滤纸桥上进行愈伤组织培养。

还可以用玻璃纤维、滤纸桥、海绵、脱脂棉、卡拉胶等来代替琼脂起支持固定作用，总的要求是排出的有害物质对培养材料没有影响或影响较小。

（六）活性炭

活性炭是木炭粉碎经加工形成的粉末结构，它结构疏松，孔隙大，吸水力强，有很强的吸附作用。它的颗粒大小决定着吸附能力，粒度越小，吸附能力越强。温度低，吸附能力强；温度高，吸附能力减弱，甚至无吸附。通常的使用浓度为0.5～10g/L。它可以吸附非极性物质和色素等大分子物质，包括琼脂中所含的杂质，培养物分泌的酚、醌类物质，以及蔗糖在高压消毒时产生的5-羟甲基糖醛及激素等。但是活性炭对物质的吸附基本无选择性，既对有害物质进行吸附，也对有利物质进行吸附，因此选择使用时要进行周全考虑。

另外，活性炭对形态发生和器官形成有良好效应。Fridborg(1975)在失去胚状体发生能力的胡萝卜悬浮培养细胞中加入1%～4%的活性炭，使胚状体的发生能力得以恢复。活性炭使培养基变黑，对某些植物的诱导生根有利。

（七）抗生物质

添加抗生物质可防止菌类污染，减少培养中材料的损失，尤其是快速繁殖中，常因污染而丢弃成百上千瓶的培养物，采用适当的抗生素便可节约人力、物力和时间。尤其对大量通气长期培养，效果更好。对于刚感染的组织材料，可向培养基中注入 5%～10%的抗生素。抗生素有其各自的抑菌谱，要加以选择试用，也可两种抗生素混用。但是应当注意抗生素对植物组织的生长也有抑制作用，可能某些植物适宜用青霉素，而另一些植物却不大适应。值得提醒的是，在工作中不能因为有了抗生素而放松灭菌措施。此外，在停止使用抗生素后，往往污染率显著上升，这可能是原来受抑制的菌类又滋生起来造成的。使用青霉素、链霉素、庆大霉素等，用量在 5～20mg/L 之间。

三、培养基的 pH 值

不同植物所需培养基的 pH 值不同，马铃薯组织培养最适的 pH 值是 5.8，因高温灭菌会降低 pH 值约 0.2，因此配制时 pH 值为 6.0。具体请参见项目三中的有关内容。

四、常用培养基的种类及特点

培养基依据不同的标准有不同的分类方法。培养基根据其形态相不同可分为固体培养基与液体培养基。固体培养基与液体培养基的区别是在培养基中是否添加了凝固剂。培养基根据培养阶段不同，可分为初代培养基和继代培养基；根据培养进程和培养基的作用不同，可分为诱导（启动）培养基、增殖（扩繁）培养基及壮苗生根培养基；根据营养水平不同，可分为基本培养基和完全培养基。基本培养基即平常所说的培养基，如 MS、White 培养基。完全培养基由基本培养基、适宜的激素以及有机附加物组成。对培养基的某些成分进行改良而成的培养基称为改良培养基。

培养基有许多类型，在组培试验和生产中应根据植物种类、培养部位和培养目的的不同而选用不同的培养基。培养基最早是由 Sacks（1680）和 Knop（1681）发现的，他们对绿色植物的成分进行了分析研究，根据植物从土中主要吸收无机盐营养设计出由无机盐组成的 Sacks 和 Knop 溶液，至今仍在作为基本的无机盐培养基，得到广泛应用。之后人们根据不同目的进行改良产生了多种培养基，White 培养基在 20 世纪 40 年代用得较多，现在还常用。而到了 20 世纪 60—70 年代，人们则大多采用 MS 等高浓度培养基，可以保证培养材料对营养的需要，进而生长快、分化快，且由于浓度高，在配制、消毒过程中某些成分有些出入也不致影响培养基的离子平衡。培养基多数以发明人的名字来命名，如 White 培养基、Murashige 和 Skoog 培养基（简称 MS 培养基）。目前国际上流行的培养基有几十种，常用的培养基及其特点如下：

（1）MS 培养基：是 1962 年由 Murashige 和 Skoog 为培养烟草细胞而设计的。特点是无机盐和离子浓度较高，为较稳定的平衡溶液。其养分的数量和比例较合适，可满足植物的营养和生理需要。它的硝酸盐含量较其他培养基为高，被广泛地用于植物的器官、花药、细胞和原生质体培养，效果良好。现在使用的部分培养基是由它演变而来的。

（2）B_5 培养基：是 1968 年由 Gamborg 等为培养大豆根细胞而设计的。其主要特点是含有较低的铵，这可能对不少培养物的生长有抑制作用。从实践得知有些植物在 B_5 培养基上生长更适宜，如双子叶植物，特别是木本植物。

（3）White 培养基：是 1943 年由 White 为培养番茄根尖而设计的；1963 年又作了改良，称作 White 改良培养基，提高了 $MgSO_4$ 的浓度。其特点是无机盐数量较低，适于生根培养。

(4)N_6 培养基：是 1974 年朱至清等为水稻等禾谷类作物的花药培养而设计的。其特点是成分较简单，KNO_3 和 $(NH_4)_2SO_4$ 含量高。在国内，N_6 培养基已被广泛应用于小麦、水稻及其他植物的花药培养和其他组织培养。

(5)KM-80 培养基：是 1974 年人们为原生质体培养而设计的。其特点是有机成分较复杂。它包括了所有的单糖和维生素，被广泛用于原生质融合的培养。

五、培养基的配制方法

配制培养基有两种方法可以选择：一是购买培养基中的所有化学药品，按照需要自己配制(具体程序见图 4-1)；二是购买混合好的商品培养基粉剂，如 MS、B_5 等。自己配制可以节约费用，但浪费时间、人力，且有时由于药品的质量问题，给实验带来麻烦。就目前国内的情况看，大部分还是自己配制。为了方便，现以 MS 培养基为例介绍配制培养基的主要过程。

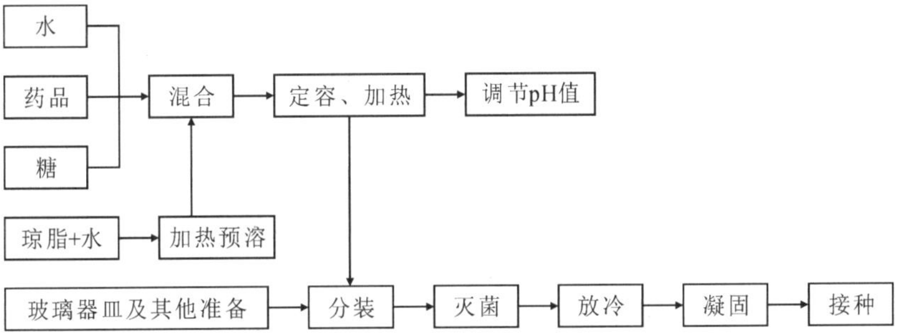

图 4-1 培养基的配制过程图

(一)配制母液

在植物组织培养的过程中，配制培养基是日常必做的工作。通常先将各种药品配制成浓缩一定倍数的母液(又称为浓缩贮备液)。母液根据化学性质分别配制。一般配成大量元素母液(浓缩 10 倍)、微量元素母液(浓缩 100 倍)、铁盐母液(浓缩 100 倍)和有机母液(浓缩 50～100 倍)。配制母液不但节省配制时间，而且能够保证配制的准确性和配制时的快速移取，极大地提高了工作效率，此外也便于培养基的低温保藏。

1. 配制 MS 大量元素母液

一般将大量元素分别配制成 10 倍母液，使用时再分别稀释 10 倍。分别称取 NH_4NO_3 16.5g、KH_2PO_4 1.7g、KNO_3 19g、$CaCl_2 \cdot 2H_2O$ 4.4g、$MgSO_4 \cdot 7H_2O$ 3.7g，各自配成 1L 的母液，倒入 1L 试剂瓶中，存放于冰箱中。

2. 配制 MS 微量元素母液

一般将微量元素配制成 100 倍母液。依次称取：KI 0.083g、$Na_2MoO_4 \cdot 2H_2O$ 0.025g、H_3BO_3 0.62g、$CuSO_4 \cdot 5H_2O$ 0.0025g、$MnSO_4 \cdot H_2O$ 1.69g、$COCl_2 \cdot 6H_2O$ 0.0025g、$ZnSO_4 \cdot 7H_2O$ 0.86g，配成 1L 母液，倒入 1L 试剂瓶中，存放于冰箱中。由于 $CuSO_4 \cdot 5H_2O$ 和 $COCl_2 \cdot 6H_2O$ 的称取量很小，如果天平精确度没有达到万分之一，可先配成调整液。

3. 配制 MS 有机母液

一般配制成 100 倍 MS 有机母液。依次称取肌醇 10g、盐酸硫胺素(维生素 B_1)0.01g、烟酸 0.05g、甘氨酸 0.2g、盐酸吡哆醇(维生素 B_6)0.05g，配成 1L 母液，倒入 1L 试剂瓶中，存放于冰箱中。

4. 配制 MS 铁盐母液

一般配制成 100 倍 MS 铁盐母液。依次称取 EDTA 二钠 3.73g、$FeSO_4 \cdot 7H_2O$ 2.78g，配成 1L 母液，倒入 1L 试剂瓶中，存放于冰箱中。

从上述分析来看，MS 母液有 5 种大量元素母液，加上 MS 微量元素母液、MS 有机母液和 MS 铁盐母液，共 8 种母液。

5. 配制激素母液

各种生长素和细胞分裂素要单独配制，不能混合在一起。生长素类一般要先用少量 95%的酒精或 1 当量的 NaOH 溶解，细胞分裂素一般要先用 1 当量的盐酸溶解，然后再加蒸馏水定容，一般取 100mg 配成 100mL 母液。

（二）配制培养基

以配制 1L MS 培养基为例，按顺序进行如下操作：①先在烧杯中放入一些蒸馏水。②分别取上面 8 种母液 10mL 倒入烧杯。③一般称取 30g 蔗糖倒入烧杯，搅拌使溶解。④加蒸馏水，用量筒定容至 1L。⑤按设计好的方案添加各种激素。由于激素的用量很小，而且激素对组培植物的生长至关重要，所以有条件的话，最好用微量可调移液器吸取，减少误差。⑥用精密试纸或酸度计调整 pH 值至 6.0（有条件的话使用酸度计，比较精确）。可配 1 当量的 HCl 和 1 当量的 NaOH 用来调整溶液的 pH 值（1 当量 HCl 配制：用量筒量取 8.3mL HCl，配成 100mL 溶液。1 当量 NaOH 配制：称取 NaOH 4g，配成 100mL 溶液）。⑦称取5g 左右琼脂粉（质量好的琼脂粉），倒入上面配好的溶液中，放在电炉上加热至沸腾，直到琼脂粉熔化。⑧稍微冷却后，分装入培养容器中。无盖的培养容器要用封口膜或牛皮纸封口，用橡皮筋或绳子扎紧。⑨放入消毒灭菌锅灭菌 20min 左右。⑩从灭菌锅中取出培养基，平放在实验台上令其冷却凝固。

六、培养基的筛选

培养基和培养条件是影响植物组织培养效果的两大重要因素。在组培苗大规模生产前，必须经过培养基和培养条件的筛选这一技术环节。只有经过试验筛选，验证确属最佳后才可以在生产上应用。以下介绍培养基的筛选方法。培养条件的筛选方法与培养基的筛选方法大体相似。

（一）试验前的准备工作

在进行某种植物组织培养之前，需要通过查阅相关文献来了解培养对象的有关信息。查找文献的途径主要有：①从专业杂志或有关杂志上查阅；②从互联网上查找，特别是从收费的数据网上查找，资料和数据比较丰富，非常方便，效率高；③从报纸或电视等媒体上获取。

有时查找文献不方便，可通过参观组培育苗工厂或研究机构，向专业人员请教植物组培的试验方法与技术。参观咨询可能较自己查阅文献更直接和更便捷。

（二）预备试验

预备试验就是指正式试验开始之前根据试验设计进行的过渡试验，为正式试验的开展做前期摸索。预备试验要求较低，往往凭经验进行试培养，然后观察培养物的反应。若有反应，则可接着做。即使没有反应，也能从中获得有用的信息。

(三)选择试验方法

1. 单因子试验

单因子试验是指整个试验中保证其他因素不变,只比较一个试验因素的不同水平的试验。其试验方案由该试验因素的所有水平构成。这是最基本、最简单的试验方法。例如不同浓度 NAA 对生根影响的试验就是一种单因子试验。试验中要求对照组与试验组中的植物组织块或其他培养物必须在遗传性、生理状态、培养条件等方面尽可能完全一致,以保证试验结果是来源于试验因子,而不是由于试验材料的不一致导致的。

2. 双因子试验

双因子试验是指在整个试验中其他因素不变,只比较两个试验因素的不同水平的试验。如研究 NAA、ZT 两种因子对马铃薯茎尖分生增殖率的影响时,可以按表 4-1 设计试验。从表中可以看出,NAA 与 ZT 各有三种水平的组合,A 表示向培养基中同时添加 NAA 0.1mg/L 与 ZT 1mg/L,H 表示 NAA 2mg/L 与 ZT 2mg/L 的添加组合,其余类推。

表 4-1 双因子试验方法

		ZT(mg/L)		
		1	2	5
NAA(mg/L)	0.1	A	B	C
	0.5	D	E	F
	2	G	H	I

3. 多因子试验

多因子试验是指在同一试验中同时研究两个以上试验因子的试验。多因子试验方案由该试验的所有试验因子的水平组合(即处理)构成。此种方法可用于同时探讨培养基中多种成分的适宜用量,如 KT、糖类、NAA 的用量等。多因子试验方案分为完全方案和不完全方案两类。前者在试验因子和水平较多时会费时费力,且试验误差不易控制,故很少有人使用;而后者是在全部水平组合中凭经验挑选部分水平组合所获得的设计方案,工作效率高,故为多数人所采用。其中,正交试验用得最多,它是进行多因子试验、寻求最优水平组合的一种高效率试验设计方法。

正交试验是指利用正交表来安排与分析多因子试验的一种设计方法(表 4-2)。表头中的“L”代表正交表;L 右下角的数字“8”表示有 8 行,用这张正交表安排试验包含 8 个处理(水平组合);括号内的底数“2”表示因子的水平数;括号内 2 的指数“7”表示有 7 列,用这张正交表最多可以安排 7 个因子。常用的正交表已由数学工作者制定出来,供正交设计时选用。

表 4-2 $L_8(2^7)$正交表

试验号	列号						
	1	2	3	4	5	6	7
1	1	1	1	1	1	1	1
2	1	1	1	2	2	2	2
3	1	2	2	1	1	2	2

续表 4-2

试验号	列号						
	1	2	3	4	5	6	7
4	1	2	2	2	2	1	1
5	2	1	2	1	2	1	2
6	2	1	2	2	1	2	1
7	2	2	1	1	2	2	1
8	2	2	1	2	1	1	2

任何一张正交表都具有如下两个特性：①任一列中不同数字出现的次数相等。例如 $L_8(2^7)$中的不同数字只有 1 和 2，在任一列中它们各出现 4 次；$L_9(3^4)$中的不同数字有 1、2 和 3，在任一列中它们各出现 3 次。②任两列中同一横行所组成的数字组合出现的次数相等。例如 $L_8(2^7)$中(1,1)，(1,2)，(2,1)，(2,2)各出现两次，即每个因素的一个水平与另一个因素的各个水平的互碰次数相等，表明任意两列中各个数字之间的搭配是均匀的。

正交试验虽然是多因子组合在一起的试验，但是在试验结果的分析中，每一种因素所起的作用又能够明白无误地表现出来。因此，根据一次系统的试验结果，就可以把问题分析得清清楚楚，取得事半功倍的试验效果。

4. 逐步添加和逐步减少的试验方法

在植物组织分化与再生的研究中，在没有取得可靠的分化与再生之前，往往添加各种有机营养成分，以促使试验成功；而在取得了稳定的再生之后，就可以逐步减少这些成分，以便找到最有影响力的因子，或从经济实用上考虑，简化培养基，以降低成本和利于推广。在寻求最佳激素配比时，经常用到这种逐步添加与逐步减少的简单方法。

任务二　外植体的选择与处理

植物组织培养的成败除与培养基、培养条件的正确选择有关外，另一个重要因素就是外植体本身，即由活体植物上切取下来，用以进行离体培养的那部分组织或器官。外植体选择是否适宜，以及对其处理的方法是否得当，直接关系到组织培养的难易程度和培养方向。因此，掌握外植体的选择原则及其处理方法是十分重要的。

一、外植体的选择原则

理论上任何含完整细胞核的植物活细胞都具有细胞全能性，只要条件适宜，都能再生成完整植株。所以，外植体可以是植物细胞、组织或器官，甚至是原生质体。由于不同植物种类以及同种植物的不同器官对诱导条件的反应是不一致的，因此生产实践中必须选取最易表达全能性的部位，以降低生产成本。一般多选择茎段、茎尖、叶片、花药等作为组培快繁的外植体。选择外植体主要从植物的基因型、生理状态、取材季节和部位等方面来考虑。

(一)基因型

植物组织培养的难易程度与植物的基因型相关。一般来说，草本植物易于木本植物；双子叶植物易于单子叶植物。因此，选取优良的或特殊的具有一定代表性的基因型，可以提高组织培养的成功率，增加其实用价值。

(二)生理状态

外植体的生理状态和发育年龄直接影响植物离体培养过程中的形态发生。越幼嫩、年限越短的组织越具有强的形态发生能力，组织培养越易成功。生长健壮的器官或组织代谢旺盛，再生能力强，培养容易成功。

(三)取材季节和部位

外植体最好在其生长开始的季节选取，若在生长末期或已经进入休眠期选取，则外植体会对诱导反应迟钝或无反应。如百合鳞片外植体，春、秋季取材容易形成小鳞茎，夏、冬季取材则难以形成小鳞茎。

在确定取材部位时，一方面要考虑培养材料的来源是否有保证和容易成苗；另一方面要考虑经过脱分化产生的愈伤组织的培养途径是否会引起不良变异，丧失原品种的优良性状。对于培养较困难的植物，在培养材料较多的情况下，最好比较各部位的诱导及分化能力，既保质又保量。

选取植物组织内部材料的无菌效果较好。一方面要从健壮的植株上取材料，不要取有伤口的或有病虫的材料。另一方面要在晴天，最好是中午或下午取材料，决不要在雨天、阴天或露水未干时取材料。因为健壮的植株和晴天时光合呼吸旺盛的组织，有自身消毒作用，这种组织一般是无菌的。

选择外植体的大小，应根据培养目的而定。如果是胚胎培养或脱除病毒，则外植体宜小；如果是进行快速繁殖，则外植体宜大。但外植体过大，消毒往往不彻底，易造成污染；过小，则离体培养难以成活。一般外植体大小以0.5～1.0cm为宜。具体来说，叶片、花瓣等约为5mm×5mm，茎段长1～2个节，茎尖分生组织为1～2个叶原基，大小为0.2～0.5mm等。

二、外植体的处理

从田间取回的离体材料往往带有较多的泥土、杂菌，不宜直接接种，需要对材料进行预处理和必要的修整。

(一)材料消毒原则

材料接种前必须进行表面消毒。由于植物种类、取材部位、母体植株的生态环境、取材季节和天气状况不同，所采集的材料带菌程度也不同，而且材料对不同种类、不同浓度的消毒剂的敏感度也不一样，因此选择消毒剂的种类、浓度的大小和消毒时间的长短一定要有针对性，这样才有可能达到预期的消毒效果。为此，需要掌握的消毒原则是既要杀死离体材料表面的全部微生物，又不损伤或只轻微损伤植物材料。

(二)常用的消毒剂

作为好的消毒剂既要有良好的消毒作用，又要容易被无菌水冲洗掉或能自行分解，还不会损伤材料，影响细胞的生长。目前使用的消毒剂的种类较多，实践中可根据情况从表4-3中选取1～2种。

表 4-3 常用消毒剂的使用浓度及消毒效果的比较

灭菌剂	使用浓度	消毒时间(min)	消毒难易	灭菌效果
酒精	70%～75%	0.5～2	易	好
过氧化氢	10%～12%	5～10	最易	好
漂白粉	饱和溶液	5～30	易	很好
次氯酸钙	9%～10%	5～30	易	很好
次氯酸钠	0.7%～2%	5～30	易	很好
氯化汞	0.1%～0.2%	2～10	较难	最好
抗菌素	4～50mg/L	30～60	中	较好

任务三 灭菌技术

灭菌是组织培养的常规工作之一，因为引起很多植物组培失败的原因主要是菌类污染，而造成菌类污染的原因就是灭菌不彻底。知道了引起污染的原因后又该如何防治呢？这就需要掌握组织培养的灭菌技术。

一、灭菌与消毒的区别

（一）无菌的概念

初学者首先要清楚有菌和无菌的范畴。有菌的范畴是指凡是暴露在空气中和接触自然水源的物体，至少它的表面都是有菌的；而无菌的范畴是指经高温灼烧或一定时间蒸煮过后的物体，或经其他理化灭菌方法处理后的物体等都是无菌的。由此可见，地球表面的无菌空间比有菌空间小得多。

（二）灭菌与消毒的含义及其差异

灭菌是指利用物理或化学的方法杀死物体表面和孔隙内的一切微生物或生物体，即把所有有生命的物质全部杀死；而消毒是指杀死、消除或充分抑制部分微生物，使之不再发生危害作用。由此可见，灭菌与消毒的主要区别在于前者杀菌强烈，能杀死所有活细胞；后者作用缓和，主要杀死或抑制附在植物材料表面的微生物，但芽孢、厚垣孢子一般不会死亡。但是，灭菌与消毒是相对的，如果消毒时间过长或消毒剂浓度过高，也可杀死全部活细胞，消毒就成为灭菌了。反之，灭菌剂只能起到消毒作用。

二、灭菌的方法

植物组织培养对无菌条件的要求是非常严格的，这是因为培养基含有丰富的营养，易被微生物污染。要达到彻底灭菌，必须根据灭菌对象采取不同的切实有效的方法，才能保证材料培养时不受杂菌的影响，实现植物组织的正常生长分化。组织培养的灭菌方法分为物理灭菌和化学灭菌两类。

（一）物理灭菌

物理灭菌是指能杀灭或去除外部环境中一切微生物的物理方法。

1. 灼烧灭菌

灼烧灭菌的主要原理是利用高温杀死微生物，从而达到无菌的要求。在灭菌操作时，把镊子、剪子、解剖刀等器械浸入95%的酒精中，使用之前取出，在酒精灯的火焰上灼烧灭菌，冷却后立即使用。

2. 过滤灭菌

过滤灭菌主要用于不耐热的物质(如赤霉素、玉米素和某些维生素)的灭菌。其过滤原理是：利用直径为0.45μm以下的微孔滤膜，使溶液中的细菌和真菌的孢子等因大于滤膜直径而无法通过滤膜，从而达到灭菌的效果。溶液量大时，常使用抽滤装置；溶液量小时，可用注射器(图4-2)。使用注射器前，应对其高压灭菌，将滤膜装在注射器的靠针管处，将待过滤的液体装入注射器，推压注射器活塞杆，溶液压出滤膜，从针管压出的溶液就是无菌溶液。

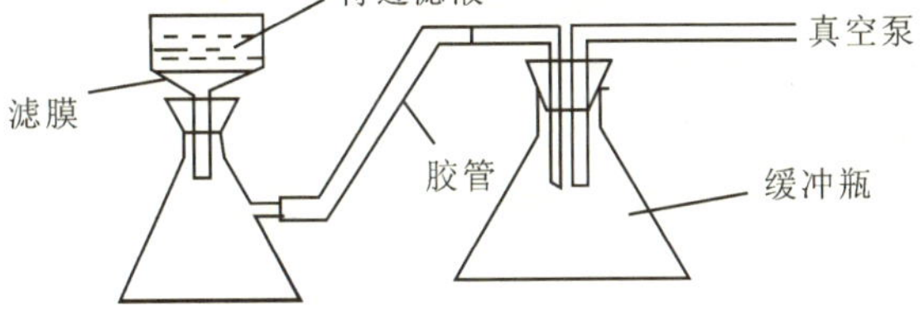

(a)

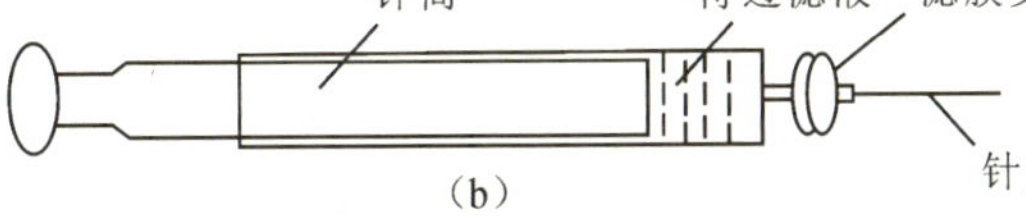

(b)

图4-2 过滤灭菌器及装置

(a)减压过滤灭菌装置；(b)液体过滤器组件

过滤除菌操作步骤：首先用纸将过滤器、接液瓶包好，滤膜可放在培养皿内，用纸包好。使用前先经121℃高压蒸汽灭菌30min；在超净工作台上，将滤器装置装好，用灭菌无齿镊子将滤膜安放在隔板上，滤膜粗糙面向上；然后将待除菌的液体注入滤器内，开动真空泵即可过滤除菌。滤液经培养证明无菌生长后可保存备用。

3. 压力蒸汽灭菌

压力蒸汽灭菌主要用于培养基、接种工具、无菌水等的灭菌。培养基在制备后的24h内必须完成灭菌工序。压力蒸汽灭菌的原理是：在密闭的蒸锅内，其中的蒸汽不能外溢，压力不断上升，使水的沸点不断提高，从而锅内温度也随之增加。在0.1MPa的压力下，锅内温度达121℃。在此蒸汽温度下，可以很快杀死各种细菌及其高度耐热的芽孢。

压力蒸汽灭菌的具体方法：关闭放气阀，通电后，待压力上升到0.05MPa时打开放气阀，放出空气，待压力表指针归零后，再关闭放气阀。一定要注意完全排除锅内空气，使锅内全部是水蒸气，灭菌才能彻底。关阀再通电后，要均匀升温，当压力上升到0.1MPa时，开始计时，维持压力0.1～0.15MPa 20min。到达保压时间后，即可切断电源，压力到0.5MPa时，可缓慢放出蒸汽，应注意不要使压力降低太快，以免引起激烈的减压沸腾，使容器中的液体四溢。当压力降到零后才能开盖，取出培养基，摆在平台上，以待冷凝。久不放气，会引起培养基成分变化；一旦放置过久，由于锅炉内有负压，盖子打不开。只要将放气阀打开，大气压入，内外压力平衡，盖子便易打开了。

要严格遵守保压时间，既要保压彻底，又要防止培养基中的成分变质或效力降低。压力蒸汽灭菌前后的培养基，其 pH 值下降 0.2～0.3。高压后培养基 pH 值的变化方向和幅度取决于多种因素。培养基中成分单一时或培养基中含有较高浓度物质时，pH 值的变化幅度较大，甚至可大于 2。一般在 pH 值的变化大于 0.5 时就有可能对植物产生明显的生理影响。压力蒸汽灭菌通常会使培养基中的蔗糖水解为单糖，从而改变培养基的渗透压。在 8%～20%蔗糖范围内，压力蒸汽灭菌后的培养基渗透压约升高 0.43 倍。培养基中的铁在压力蒸汽灭菌时会催化蔗糖水解，可使 15%～25%的蔗糖水解为葡萄糖和果糖。培养基的 pH 值小于 5.5 时，其水解量更多。在培养基中添加 0.1%活性炭时，高压下的蔗糖水解大大增强；添加 1%活性炭，蔗糖水解率可达 5%。

为防止压力蒸汽灭菌产生上述变化，通常可采用下列方法：①经常注意搜集有关压力蒸汽灭菌影响培养基成分的资料，以便及时采取有效措施。②设计培养基配方时尽量采用效果类似的稳定试剂并准确掌握剂量。如避免使用果糖和山梨醇而用甘露醇，以 IBA 代替 IAA，控制活性炭的用量（在 0.1%以下），注意 pH 值对压力蒸汽灭菌下培养基成分的影响等。③配制培养基时应注意成分的适当分组与加入的顺序。如将磷、钙和铁放在最后加入。④注意压力蒸汽灭菌后培养基 pH 值的变化及回复动态。如压力蒸汽灭菌后的 pH 值常由 5.8 升高至 6.48，而 96h 后又回降至 5.8 左右。这样在实验中就可以根据这一规律进行相应处理。

影响压力蒸汽灭菌效果的因素有以下几个方面：

（1）灭菌物品的数量、包装和放置

灭菌物品的包装不宜太大，也不宜扎太紧。放入灭菌器内的物品应少于灭菌器容积的 85%。摆放物品时，应留有空隙以利于蒸汽的穿透，切忌形成死腔。按容器大小不同，保压时间有所不同，如表 4-4 所示。该表所列数字是彻底灭菌的保险数字，如果容器体积较大，而放置的数量很少，也可以减少时间。

表 4-4　培养基压力蒸汽灭菌必需的最少时间

容器的体积（mL）	在 121℃灭菌所需的最少时间（min）
20～50	15
75～150	20
250～500	25
1 000	30

对于压力蒸汽灭菌后不变质的物品，如无菌水、栽培介质、接种工具，可以延长灭菌时间或提高压力。对于一些布制品，如实验衣、口罩等也可用压力蒸汽灭菌，洗净晾干后用耐高压塑料袋装好。

（2）加热速度

由于蒸汽穿透需要时间，因此当加热速度太快时，灭菌器内的温度已达到所需的温度，但物品内部的温度仍然没有达到，则杀菌效果就不理想。所以应按正常速度加热。

（3）超高热蒸汽

在一定的压力下，若锅内的蒸汽温度超过饱和状态下应达到温度的 2℃以上，则为超高热蒸汽。虽然超高热蒸汽温度高，但水分不足，遇到灭菌物品不能凝结成水，导致不能释放出潜热，所以对灭菌不利。为了避免这种现象出现，锅内的水量应多于产生蒸汽所需的水量，即水量应放足。另外，灭菌物品不宜太干燥。

4. 干热灭菌

玻璃器皿及耐热用具应采用干热灭菌，该方法是利用烘箱加热到160～180℃的温度来杀死微生物。在干热条件下，细菌营养细胞的抗热性大为提高，接近芽孢的抗热水平，通常采用170℃持续90min来灭菌。干热灭菌的物品要预先洗净并干燥，工具等要包扎好，以免灭菌后取用时重新污染。包扎可用耐高温的塑料。灭菌时应渐进升温，达到预定温度后记录时间。烘箱内放置的物品的数量不宜过多，以免妨碍热对流和穿透；到指定时间断电后，待充分冷凉，才能打开烘箱，以免因骤冷而使器皿破裂。干热灭菌的能源消耗太大，需要时间较长，所以在实际工作中，压力蒸汽灭菌后用烘箱烘干的方法。

5. 紫外线灭菌

紫外线灭菌主要用于接种室、缓冲间、超净工作台或接种箱的空间灭菌。其原理是利用辐射因子灭菌，细菌吸收紫外线后，蛋白质和核酸发生结构变化，引起细菌的染色体变异，导致死亡。紫外线的波长为200～300nm，其中以260nm的杀菌能力最强。但是由于紫外线的穿透力很弱，因此只适合于空气和物体表面的灭菌，而且要求距离照射物不超过1.2m。

（二）化学灭菌

化学灭菌是指利用化学物质杀灭、抑制微生物的方法。这种化学物质被称为灭菌剂（也被称为消毒剂）。灭菌剂的种类很多，它们使微生物的蛋白质变性或降低其表面张力，增加菌体细胞浆膜的通透性，使细胞破裂或溶解。灭菌剂按其作用水平可分为高效消毒剂、中效消毒剂、低效消毒剂、防腐剂和保藏剂。由于消毒剂必须溶解于水才能发挥作用，因此要制成水溶状态，如升汞与高锰酸钾。一般消毒剂的浓度越大，杀菌能力越强，但石炭酸和酒精例外。

常用加热焚烧、氧化等手段使化学药剂变为气体状态扩散到空气中，以杀死空气和物体表面的微生物。这种方法简便，只需要把消毒的空间关闭紧密即可。一般说来，温度越高，作用时间越长，杀菌效果越好。采用甲醛熏蒸时，房间关闭紧密，按5～8mL/m^{3}用量，将甲醛置于广口容器中，加5g/m^{3}高锰酸钾氧化挥发。熏蒸时，房间可预先喷湿以加强效果。冰醋酸也可进行加热熏蒸，但效果不如甲醛。

上述灭菌剂应在使用前临时配制，氯化汞可在短期内储用。次氯酸钠和次氯酸钙都是利用分解产生氯气来杀菌的，故灭菌时用广口瓶加盖较好；升汞是由重金属汞离子来达到灭菌效果的；过氧化氢是利用分解中释放的原子态氧来杀菌的，这种药剂残留的影响较小，灭菌后用无菌水漂洗3～4次即可。一般难以去除升汞残毒，应当用无菌水漂洗8～10次，每次不少于3min，以尽量去除残毒。

任务四　接种技术

接种是组织培养最常规、最关键的技术环节。只有熟练掌握接种技术，才能取得组培的成功。

一、无菌操作

外植体的接种就是将经过表面灭菌后的植物材料放在无菌环境中切割或分离出器官、

组织或细胞转入到无菌培养基上的过程。由于整个过程都是在无菌条件下进行的，因此又称为无菌操作。

(一)物体表面灭菌

物体表面可用一些药剂涂搽或喷雾来灭菌。如桌面、墙面、双手等，可用75%的酒精反复涂搽灭菌，也可用1%～2%的来苏儿溶液以及0.25%～1%的新洁尔灭。

(二)外植体表面灭菌

从外界或室内选取的植物材料，都不同程度地带有各种微生物。这些污染源一旦带入培养基，便会造成培养基污染。

第一步是除去植物材料不用的部分，将需要的部分仔细洗干净，如用适当的刷子等刷洗。把材料切割成适当大小，以灭菌容器能放入为宜。将材料置自来水龙头下流水冲洗几分钟至数小时，冲洗时间视材料清洁程度而定。对于易漂浮或细小的材料，可装入纱布袋内冲洗。在污染严重时流水冲洗特别有用。冲洗时可加入洗衣粉，然后再用自来水冲洗洗衣粉。洗衣粉可除去轻度附着在植物表面的污物及脂质性的物质，便于灭菌液的直接接触。当然，最理想的清洗物质是表面活性物质吐温。

第二步是对材料的表面浸润灭菌。要准备好消毒的烧杯、玻璃棒、70%酒精、消毒液、无菌水、手表等。用70%酒精浸泡材料10～30s。由于酒精具有使植物材料表面被浸湿的作用，加之70%酒精穿透力强，也很容易杀伤植物细胞，因此浸润时间不能过长。有一些特殊的材料，如果实，花蕾，包有苞片、苞叶等的孕穗，多层鳞片的休眠芽等，以及主要取用内部的材料，则可只用70%酒精处理稍长的时间。处理完的材料在无菌条件下，待酒精蒸发后再剥除外层，取用内部材料。

第三步是用灭菌剂处理。灭菌剂的种类较多，可根据情况选取。灭菌时，把沥干的植物材料转放到烧杯或其他器皿中，记录时间，倒入消毒溶液，不时用玻璃棒轻轻搅动，以促进材料各部分与消毒溶液充分接触，驱除气泡，使消毒彻底。在快到时间之前的1～2min，把消毒液倾入一个备好的大烧杯内，要注意勿使材料倒出，洗净后立即倒入无菌水，轻搅漂洗。灭菌时间是从倒入消毒液开始至倒入无菌水为止。记录时间还便于比较消毒效果，以便修正。灭菌液要充分浸没材料，切勿勉强在一个体积偏小的容器中使用很多材料灭菌。

在灭菌溶液中加吐温80或Triton X的效果较好，这些表面活性剂的主要作用是使药剂更易于展布，更容易浸入灭菌的材料表面。但吐温加入后对材料的伤害也在增加，应注意吐温的用量和灭菌时间，一般加入灭菌液的0.5%的吐温，即在100mL灭菌液中加入15滴吐温。

最后一步是用无菌水漂洗3min左右，视采用的消毒液种类，漂洗3～10次。无菌水漂洗的作用是免除消毒剂杀伤植物细胞的副作用。

二、接种程序与方法

接种过程必须严格按程序进行，才能保证接种材料在无菌条件下很好地繁殖。具体程序和方法如下：

1.准备工作

接种人员在正式接种之前要做好准备工作，包括准备酒精灯、新洁尔灭、灭菌用脱脂棉、接种工具，以及分取培养基、接种用苗和工作台灭菌等。

其中酒精灯用工业酒精作燃料。工作台上用的新洁尔灭浓度为0.1%。工作台灭菌包括两步：一是上台前用紫外灯照射20min，二是正式接种前再用新洁尔灭仔细擦一遍。培养皿的取放：从布包里取培养皿时，一定要注意手不能接触培养皿的边沿，同时要尽可能减少与培养皿的接触面。一般规定只能用双手的拇指和食指取放。接种工具灭菌也分两步：一是用灭菌布将工具包裹好，在高压锅里灭一次，这一步由灭菌人员负责完成；二是在工作台上，从布包里取出工具后，先用酒精擦拭一下，再放在酒精灯火焰上灼烤一遍，其要求是工具的每一点在火焰上灼烤的时间不得少于5s。在工具灭菌之前，工作人员的手部，包括手腕，都要用酒精仔细擦拭一遍。

2.接种

将外植体直插在培养基上叫竖插法，平放在培养基上叫横插法。在酒精灯火焰附近，一只手斜握瓶（横插法）或培养瓶置于火焰附近的超净工作台面上（竖插法），另一只手拿镊子夹持外植体横向（横插法）或垂直（竖插法）送入培养瓶。具体包括取苗、切苗和接苗三步。

（1）取苗：先解开培养瓶的瓶盖（封口膜）。如果不能一次取出其内的全部材料，要先把瓶盖（封口膜）口对着风源放在酒精灯的左前方，然后把瓶口放在酒精灯上烤7～10s；正式取苗时，瓶口不要斜向外。一次取苗不可太多，以免风干。

（2）切苗：培养皿放在离风窗10～20cm处，不可太靠外；镊子和手术刀都不可太热，最好是凉的，且在操作过程中，手术刀和镊子都要在培养皿斜上方操作，不可在其正上方操作；在切苗过程中产生的垃圾可堆放在培养皿内的一侧位置上，若非迫不得已，不可弄到培养皿外。

（3）接苗：封口膜（瓶盖）的放置方法及瓶口的灼烤方法与取苗时相同，烤完瓶口后，要先倒掉瓶内多余的水分，然后再接苗；接苗时，镊子最好不要与瓶口接触，一个瓶内一般接5～6棵苗，不要放得太多；组培苗在瓶内要排放均匀、整齐、美观。

3.封口

接种后，旋转培养瓶口火焰，灭菌数秒钟后，迅速用瓶盖或瓶塞或薄膜封严，其松紧度以用手转不动为准。

4.标识

所有材料接种完毕，用记号笔在瓶壁上注明材料名称缩写、培养基类型、个人编号以及接种日期。离开之前还要把工作台收拾干净，把接种过程中产生的垃圾清理掉，台上的物品也要摆放整齐。

任务五 培养管理

培养是指在人工控制的环境条件下，使接种到培养基上的离体材料能够生长、脱分化形成愈伤组织或进一步分化成再生植株的过程。

一、培养条件

培养条件主要包括温度、光照、湿度、渗透压、pH值等几个方面，这部分内容在项目三已叙及，此处不赘述。

二、培养方法

培养方法一般分为固体培养与液体培养，它们的优缺点见表4-5。

表4-5　固体培养和液体培养方法的比较

培养方法	优　点	缺　点
固体培养	操作简便，设备简陋，易于观察，氧气充足	养分分布不匀，外植体与培养基接触面积小，代谢废物易累积于基部，影响细胞组织的正常代谢
液体培养	组织与培养液接触面积大、均匀，但设备昂贵	为了解决氧气的不足，需要购买昂贵的摇床等设备，不便观察

三、培养程序

（一）初代培养

初代培养旨在获得无菌材料和无性繁殖系，即接种某些外植体后，最初的几代培养。初代培养时，常用诱导或分化培养基，即培养基中含有较多的细胞分裂素和少量的生长素。初代培养建立的无性繁殖系包括茎梢、芽丛、胚状体和原球茎等，因此，也称为诱导培养。由于外植体的来源复杂，又携带较多杂菌，因此初代培养一般比较困难。

1.顶芽和腋芽的发育

采用外源的细胞分裂素，可促使具有顶芽或没有腋芽的休眠侧芽启动生长，从而形成一个微型的多枝多芽的小灌木丛状的结构。在几个月内可以将这种丛生苗的一个枝条转接继代，重复芽苗增殖的培养，并且迅速获得多数的嫩茎，然后将一部分嫩茎转移到生根培养基上，就能得到可种植到土壤中去的完整小植株。一些木本植物和少数草本植物也可以通过这种方式来进行再生繁殖，如月季、茶花、菊花、香石竹等。这种繁殖方式也称作微型繁殖，它不经过发生愈伤组织而再生，所以是最能使无性系后代保持原品种的一种繁殖方式。适宜这种再生繁殖的植物，在采样时，只能采用顶芽、侧芽或带有芽的茎切段，其他如种子萌发后取枝条也可以。

茎尖培养可看作是这方面较为特殊的一种方式。它采用极其幼嫩的顶芽的茎尖分生组织作为外植体进行接种。在实际操作中，采用包括茎尖分生组织在内的一些组织来培养，这样便保证了操作方便以及容易成活。培养定芽得到的培养物一般茎节较长，有直立向上的茎梢，扩繁时主要用切割茎段法，如香石竹、矮牵牛、菊花等，但特殊情况下也会生出不定芽，形成芽丛。

2.不定芽的发育

在培养中由外植体产生不定芽，通常首先要经脱分化过程，形成愈伤组织的细胞，然后经再分化，即由这些分生组织形成器官原基，它在构成器官的纵轴上表现出单向的极性（这与胚状体不同）。多数情况下先形成芽，后形成根。

另一种方式是从器官中直接产生不定芽，有些植物具有从各个器官上长出不定芽的能力，如矮牵牛、福禄考、悬钩子等。在试管培养的条件下，培养基中提供了营养，特别是提供了植物激素的连续不断供应，使植物形成不定芽的能力被大大地激发出来。许多种类的外植体表面几乎全部为不定芽所覆盖。在许多常规方法中不能无性繁殖的种类，在试管条件下却能较容易地产生不定芽而再生，如柏科、松科、银杏等一些植物。许多单子叶植物的储藏器官能强烈地发生不定芽，用百合鳞片的切块就可大量形成不定鳞茎。在不定芽培养时，也常用诱导或分化培养基。培养不定芽得到的培养物，一般采用芽丛进行繁殖，如非洲菊、草莓等。

3. 体细胞胚状体的发生与发育

体细胞胚状体类似于合子胚，但又有所不同，它也经过球形、心形、鱼雷形和子叶形的胚胎发育时期，最终发育成小苗。但它是由体细胞发生的。胚状体可以从愈伤组织表面产生，也可以从外植体表面已分化的细胞中产生，或从悬浮培养的细胞中产生。

（二）继代培养

通过初代培养所获得的不定芽、无菌茎梢、胚状体或原球茎等无菌材料被称为中间繁殖体。中间繁殖体由于数量有限，因此需要将它们切割、分离后转移到新的培养基中培养增殖，这个过程称为继代培养。继代培养是继初代培养之后的连续数代的培养过程，旨在扩繁中间繁殖体的数量，最后能达到边繁殖、边生根的目的。由于培养物在接近最好的环境条件下生长，排除了其他生物的竞争，因此中间繁殖体可按几何级数扩繁，例如以 2 株苗为基础，每棵苗的繁殖系数为 3(即 1 株苗剪成 3 段接种，培养一段时间后每段又形成 3 株苗)，那么经 10 代繁殖，将生成 $2\times3^{10}=118096$ 株苗。

（三）壮苗与生根

1. 诱导生根的一般要求

当丛生芽苗增殖到一定数量后要分离成单苗转入生根培养基进行生根诱导。一般认为矿质元素含量高时有利于茎叶生长，较低时有利于生根。所以生根培养基多采用 1/2 MS 或者 1/4 MS 培养基。另外，培养基要去掉全部细胞分裂素，并加入适量的生长素(NAA、IBA 等)。因植物种类不同，一般 2～4d 即可见根原基发生，当洁白的、生长正常的根长约 1cm 时即可驯化移栽。

2. 诱导生根的方法

具体方法有：①将新梢基部浸入 50ppm 或 100ppm IBA 溶液中处理 4～8h；②在含有生长素的培养基中培养 4～6d；③直接移入含有生长素的生根培养基中。上述三种方法均能诱导新梢生根，但前两种方法对新生根的生长发育更为有利，而第三种方法对幼根的生长有抑制作用。其原因是：当根原始体形成后，较高浓度生长素的继续存在则不利于幼根的生长发育。不过这种方法比较可行，实践中要选择好适宜的生长素及其浓度。另外，也可采用下列方法生根：①延长在增殖培养基中的培养时间；②适当降低增殖倍率，减少细胞分裂素的用量(即将增殖与生根合并为一步)；③切割粗壮的嫩枝，用生长素溶液浸蘸处理后在营养钵中直接生根。这种方法省去了生根阶段，但只适于一些容易生根的作物。另外，少数植物生根比较困难时，则需要在液体培养基中放置滤纸桥，使其略高于液面，靠滤纸的吸水性供应水和营养，解决生根时氧气不足的问题，从而诱发生根。

3. 生根阶段的壮苗措施

具体措施有：①在培养基中添加多效唑、比久、矮壮素等一定数量的生长延缓剂。②在生根培养阶段将培养基中的糖含量减半，提高光强约为原来的 3～6 倍，一方面促进生根，促使试管苗的生活方式由异养型向自养型转变；另一方面对水分胁迫和疾病的抗性也会增强。

由于胚状体有根原基和芽原基的分化，可不经诱导生根阶段，直接成苗。但因经胚状体途径发育的苗数特别多，并且个体弱小，所以通常需要一个在低浓度或没有植物激素的培养基培养的阶段，以便壮苗生根。

四、组培苗的管理及常见问题分析

苗瓶要整齐地摆放在组培架上，不可乱放。接种人员每天都要统计自己的接种数量，包括转前瓶数和转后瓶数。值日管理人员要定时开灯、关灯，保证组培苗有足够的光照时间，但也不可过长，以每天 14h 左右为宜。

组培苗培养过程中常见的一些问题及预防措施介绍如下：

(一)外植体褐变及其预防

外植体褐变是指在接种后，其表面开始褐变，有时甚至会使整个培养基褐变的现象。它的出现是由于植物组织中的多酚氧化酶被激活，而使细胞的代谢发生变化。在褐变过程中，会产生醌类物质，它们多呈棕褐色，当扩散到培养基后，就会抑制其他酶的活性，从而影响所接触外植体的培养。在组织培养中，常见到外植体由于褐变产生致死性的褐化物，不仅会使培养基变褐，而且造成培养失败，严重影响外植体的脱分化和器官分化，已成为组织培养中的一个棘手的问题，同时也成为植物快繁体系建立的一大障碍。褐变、菌类污染和过度含水化(玻璃化)是植物组织培养中的三大难题，尤其是褐变。

1.褐变的原因

很多植物尤其是木本植物体内含有较多的酚类化合物。在完整植物体的细胞中，酚类化合物与多酚氧化酶分隔存在，因此比较稳定。当切割外植体后，切口附近细胞的分隔效应被打破，酚类化合物和多酚氧化酶便流出，多酚氧化酶使氧化酚类化合物成为褐色的醌类物质和水。醌类物质又会在酪氨酸酶等酶的作用下，使外植体的蛋白质聚合，生长停顿，最终导致死亡。

2.影响褐变的因素

(1)基因型

不同种类植物，同种植物的不同类型、不同品种在组织培养中的褐变程度有很大差别。木本植物一般比草本植物容易发生褐变，因为木本植物的单宁或色素含量较高，而酚类的糖苷化合物是木质素、单宁和色素的合成前体，所以木本植物易褐变。例如核桃单宁含量很高，组培难度大，即使形成愈伤组织也会因褐变而死亡。

(2)外植体生理状态

一般来说，随着年龄和组织木质化程度的增加，褐变加强。如在欧洲栗的培养中，幼年型的外植体培养含醌类物质少，而用成年型材料培养时含醌类物质多。在卡德利亚兰的培养中，较短的新生茎致褐物质含量高，而较长的新生茎致褐物质含量低。不同生长季节取材的培养成功率不同，外植体大小也会影响褐变，例如，用油棕幼嫩外植体(胚)培养时褐变较少，而用高度分化的叶片接种后则容易褐变。受伤程度大小也影响褐变。为了减轻褐变，切取外植体时尽可能减少伤口面积，切口尽可能平整些。

(3)外植体培养条件

从田间自然光照下取苹果、桃、葡萄等的茎尖，接种后容易褐变；如事先对母株或枝条进行遮光处理，之后再切取外植体，则褐变减少，因为酚类化合物合成和氧化过程中，有一部分酶系统的活性是受光诱导的。此外，光照促进组培中酚的氧化，光照条件对巨桉叶片渗出物形成的影响从低到高为：黑暗、漫射光、短日照、长日照。因此，在黑暗或低光照条件下培养一段时间能减轻褐变。

温度对褐变的影响很大。卡特兰在15～25℃培养比在25℃以上培养的褐变轻；苹果和桃的茎尖培养中，低温能抑制褐变。

(4)培养基

许多试验证明，液体培养基能有效克服外植体褐变，液体培养基再加上滤纸桥，效果就更好。因为外植体溢出的有毒物质很快扩散到液体培养基中，对外植体的危害较轻。在初代培养时，培养基中无机盐的浓度过高，会引起酚类物质大量产生，导致褐变；降低无机盐浓度可减少酚类外溢，减轻褐变。

在黑暗条件下初代培养，生长调节剂是影响褐变的主要原因。6-苄氨基腺嘌呤或激动素不仅促进多酚类化合物合成，而且刺激多酚氧化酶的活性，增加褐变；而生长素类，如2,4-D和NAA，可延缓多酚合成，减轻褐变。

在培养基中加入抗氧化剂可改变外植体周围的氧化还原电势，从而抑制酚类氧化，减轻褐变。目前应用的抗氧化剂有硫代硫酸钠、苏糖二硫醇、抗坏血酸等。同一种药剂在不同培养基中的效果不一样。抗氧化剂在液体培养基中比在固体培养基中的效果更好。

活性炭和聚乙烯吡咯烷酮(PVP)是吸附剂，可以吸附外植体周围的有毒物质；活性炭还可一定程度地降低光照强度，减轻褐变。

3. 预防褐变的措施

(1)选择适宜的外植体和培养条件

许多研究表明，选择适当的外植体和培养条件是克服褐变的最主要手段。通常外植体应有较强的分生能力，在最适宜的细胞脱分化和再分化培养条件下，使外植体处于旺盛的生长状态，便可大大减轻褐变。适宜的温度和在全黑暗条件下进行培养也可显著减少外植体的褐变。

据报道，如在芽初始培养的1～6周内，在黑暗或光强度为150lx的条件下培养，可抑制外植体的酚类氧化。对于易褐变的材料，接种后转瓶时间长，伤口周围积累的醌类物质增多，则褐变加重；而缩短转瓶周期常常可减轻褐变。如在山月桂树的茎尖培养中，接种后12～24h便转入液体培养基中，在此之后的一周内，每天转一次瓶，外植体褐变可得到完全控制。

(2)加入抗氧化剂

在组织培养中加入一些抗氧化剂或用抗氧化剂进行材料(外植体)的预处理或预培养，可大大减轻醌类物质的毒害。这些抗氧化剂包括：维生素C、聚乙烯吡咯烷酮(polyvinyl pynolidoae，PVP)、血清白蛋白、柠檬酸、硫代硫酸钠($Na_2S_2O_3$)等。将抗坏血酸、双氧水(5%)一起加入到0.58mol/L蔗糖溶液中振荡45min，对褐变有明显的抑制作用。在静止的液体培养基中加入抗氧化剂比在固体培养基中加入抗氧化剂的效果要明显得多。此外，0.1%～0.5%活性炭对吸附酚类氧化物的效果也很明显。

(二)试管植物的玻璃化现象及其预防

在植物材料的离体繁殖过程中，有些培养物的嫩茎、叶片往往会呈半透明水迹状，这种现象通常称为玻璃化。自从1981年Debergh等明确提出试管植物“玻璃化”概念以来，人们发现在很多木本和草本试管植物中都存在玻璃化现象。它的出现会使试管苗生长缓慢，繁殖系数有所下降。关于植物组织培养中玻璃苗的成因和预防的研究已经引起了人们的广泛注意，成为试管苗工厂化生产中亟待解决的一个问题。

1. 玻璃苗的特点

玻璃苗是植物组织培养中出现的半透明状的、畸形的试管植物，不能移栽成活。玻璃苗的叶、嫩梢呈水晶透明或半透明状，水浸状，植株矮小、肿胀，失绿，叶片皱缩成纵向卷曲，脆弱、易碎；叶表皮缺少角质层蜡质，没有功能性气孔，不具有栅栏组织，仅有海绵组织；体内含水量高，但干物质、叶绿素、蛋白质、纤维素和木质素含量低。由于其组织畸形，吸收养料与光合器官功能不全，分化能力大大降低，因而很难继续用作继代培养和扩大繁殖的材料；加上生根困难，很难移栽成活。目前玻璃化已成为茎尖脱毒、名贵花木工厂化育苗和材料种质保存等方面的严重障碍，造成人、财、物的极大浪费。

2. 玻璃苗的成因

有关玻璃化发生成因的研究不少。一些工作表明，玻璃化可能是培养基渗透势不当所致。有人发现琼脂和蔗糖浓度与玻璃化成负相关，即琼脂或蔗糖浓度越高，越影响其衬质势和水分状况，玻璃苗的比率越低。有人研究表明，液体培养是导致玻璃化的主要原因。可以断定，玻璃苗的发生可能是培养基内水分状态不适应的一种生理变态。培养基中的植物激素也和玻璃化程度有关。许多学者都证明，培养基中BA的浓度和培养温度与玻璃化成正相关，BA的浓度越高或培养温度越高，玻璃苗的比率越大。此外，GA_3和IAA促进细胞过度生长，也会导致玻璃化。IAA含量增多也会加强ACC合成酶的活性，促进乙烯的形成。乙烯会促进叶绿素的分解和株型肿胀，形成玻璃苗。有人曾将香石竹丛生芽一直在无激素条件下继代培养，从未出现过玻璃苗，说明玻璃苗形成多半是植物激素应用不当而使小苗不完全脱分化，叶片上形成的气孔和保卫细胞功能不正常。

有人认为，玻璃苗是培养瓶内气体与外界交换不畅造成的，密闭的封瓶口材料是导致玻璃化的原因之一。培养基中高的含氮量，特别是较多的铵态氮，也是导致玻璃化苗的因素之一。此外，不同部位的节段外植体也与玻璃化有关。

3. 预防玻璃苗的措施

尽管玻璃苗的出现已成为不少植物快速繁殖中的一种很普遍现象，但目前对某些植物的玻璃化已得到有效的控制。可从如下的具体措施来控制或克服试管苗的玻璃化：

(1)适当提高培养基中的蔗糖含量或加入渗透剂，降低培养基中的渗透势，减少培养基中植物材料可获得的水分，或降低培养瓶内部环境的相对湿度。而利用固体培养方式，增加琼脂浓度，降低培养基的衬质势，造成细胞吸水阻遏，也可降低玻璃化，如将琼脂浓度提高到1.1%时，洋蓟的玻璃化苗完全消失。

(2)适当降低培养基中的细胞分裂素和赤毒素的浓度，或者适当增加培养基中Ca、Mg、Mn、K、P、Fe、Cu、Zn等元素的含量，降低N和Cl元素的比例，特别是降低铵态氮的浓度，提高硝态氮的含量。

(3)增加自然光照。在试验中发现，将玻璃苗放在自然光下，几天后茎、叶变红，玻璃化逐渐消失。这是因为自然光中的紫外光能促进试管苗成熟，加快木质化。

(4)控制温度(热击或低温处理)，防止玻璃化。如用40℃热击处理瑞香愈伤组织培养物，可以完全消除其再生苗的玻璃化，同时能提高愈伤组织的芽分化频率。

(5)改善培养器皿的气体交换状况,如使用棉塞或通气好的封口膜封口。

(6)在培养基中添加其他物质。在培养基中加入间苯三酚或根皮苷或其他添加物,可有效地减轻或防治试管苗玻璃化的产生频率。在培养基中加入0.3%的活性炭对防止产生玻璃化有良好作用。

虽然人们对试管苗玻璃化现象的研究有不少报道,但到目前为止,对其形成的根本原因还不清楚,也没有找到普遍适用的行之有效的防治方法。

任务六　组培苗的驯化与移栽

组培苗的驯化与移栽是植物组织培养的重要环节,这个环节做不好,就会前功尽弃。生产实践中应根据试管苗与自然苗的差异以及试管苗的生存环境与自然环境的差异,人为创设从试管苗生存环境逐渐向室外环境转化的过渡条件,以确保试管苗的移栽成活率。

一、试管苗的驯化

(一)驯化的目的

如果试管苗直接移栽到室外,由于生存环境发生了剧烈的变化,绝大多数试管苗因为难以适应而死亡。驯化的目的是人为创设一种由试管苗生存环境逐渐向自然环境过渡的条件,促进试管苗在形态、结构、生理方面向正常苗转化,使之更能适应外界环境,从而提高试管苗移栽的成活率。

(二)驯化的原则

根据试管苗的特点及其生存环境与田间环境的差异,驯化原则应从光、温、气、湿及有无杂菌等环境要素考虑。前期创设与试管苗原来生存环境相似的条件,后期则创设与自然环境相似的条件,以利于试管苗在形态结构及生理功能方面顺利发生向适应外界环境的转化,从而有效提高移栽成活率。

二、试管苗的移栽

(一)移栽时期

移栽时期最好选择该种植物的自然出苗季节,这样试管苗容易成活,又能保证及时开花,如菊花宜在春末夏初移栽,不但移栽成活率高,且能当年开花。水仙试管苗(小鳞茎)的移栽最好选择在秋季,这样可提高水仙移栽的成活率,又能保证水仙的茁壮成长。

(二)移栽设施

栽培容器可用(6cm×6cm)～(10cm×10cm)的软塑料钵,也可用育苗盘。前者占地大,耗用大量基质,但幼苗不用再移栽;后者需要二次移苗,但省空间、省基质。此外,苗床也可作为试管苗移栽的场所。移栽后的栽培容器最好放在温室中。

(三)移栽基质

适合于栽种试管苗的基质要具备透气、保湿和保肥的特点,且容易灭菌处理,一般可选用珍珠岩、蛭石、砂子等。为了增加黏着力和一定的肥力,可配合草炭土或腐殖土。配制混合基质时需按比例搭配,一般珍珠岩、蛭石、草炭土或腐殖土的比例为1∶1∶0.5。也可选用砂子∶草炭土或腐殖土,比例为1∶1。此外,要根据不同植物的栽培习性来进行配制,这样才能获得满意的栽培效果。

三、提高试管苗移栽成活率的措施

(一)成活率低的原因

1. 内因

内因主要包括植物种类与试管苗的质量两个方面。不同种类的植物,移栽成活率不同,如菊花、熏衣草试管苗对移栽的条件要求不高,容易成活;而仙客来试管苗对移栽的条件要求较苛刻,稍不小心,就会引起死亡。此外,试管苗细长、黄化、根系发育不良,移栽时极易死亡;而试管苗叶片浓绿、茎粗壮、根系发达及长势好,则容易成活。

2. 外因

外因主要包括环境条件、管理措施及管理人员的责任心。如基质湿度过大引起烂根或水分不足,使小苗萎蔫;温度过高,加上高湿,则极易引起烂苗和烂根,温度过低则使组培苗根系生长缓慢,形成僵苗,同时低温也会直接造成幼苗死亡。此外,光照过强易引起幼苗过度失水而死亡等。有些管理人员技术水平低、责任心不强、管理粗放,也容易降低试管苗移栽的成活率。

(二)提高成活率的措施

(1)有针对性地调整培养基的配方,改善培养条件,努力提高组培苗的质量。

(2)及时出瓶驯化,避免组培苗老化。操作过程应极力避免损伤试管苗的根和叶;无根或根系不发达的小苗要在基部蘸取生根粉或生长素溶液,以尽快促进其生根。

(3)改善过渡培养的环境条件,有条件的单位可采用自控温室,并配合喷灌,能极大地提高移栽成活率。

(4)选择恰当的种植介质,要求疏松、保水和保肥,易灭菌。

(5)对栽培基质进行灭菌或喷洒杀菌剂溶液,可防止滋生大量杂菌扼杀试管苗。

(6)保持试管苗的水分供需平衡。因为试管苗的茎叶保水能力差,加上根系吸水的能力差,所以需要提高环境中的相对湿度,使小苗保持挺拔姿态,以保证正常的生命活动。

(7)适当采取遮阴措施,可降低蒸腾失水,也可避免强日照对叶片的灼伤。

(8)加强肥水管理和病虫害防治。

综上所述,组培苗的驯化与移栽要非常认真、负责,注意保持水分平衡,选择适宜的介质,控制适宜的光、温、气、湿等条件,随时观察天气变化和小苗生长状况,并作出适当的调整。此外,防止大量杂菌的滋生,及时对病虫害进行防治。总之,应采取灵活而有效的管理措施,提高移栽试管苗的成功率。

思考与练习

1. 植物组织培养的一般程序是什么?
2. 配制培养基时为何要先配制母液?
3. 应如何调节培养基的 pH 值?高温灭菌对培养基的 pH 值有何影响?如何控制?
4. 高温蒸汽灭菌过程中为何要放气?灭菌过程中的注意事项有哪些?
5. 简述外植体接种前进行消毒和接种的程序。

6. 常用的组织培养方法有哪两种？

7. 简述初代培养和继代培养的概念。

8. 简述组织培养中常遇到的问题及解决措施。

9. 组培苗的管理、驯化和移栽需要注意哪些事项？

项目五　愈伤组织培养

知识目标

1. 掌握愈伤组织培养的基础理论；
2. 了解愈伤组织培养的应用。

技能目标

1. 学会愈伤组织培养的基本方法；
2. 能够分析愈伤组织培养要求和条件。

任务一　植物组培苗的发生途径

愈伤组织培养(callus culture)是指将母体植株上的任何部分切下，形成外植体，然后接种在无菌人工培养基上，进行愈伤组织诱导、生长和发育的一门技术。一般情况下，植物组织培养均能诱发形成愈伤组织。

植物细胞具有细胞全能性，只要有完整的膜系统和有生命力的核，即使是高度成熟和分化的细胞也能保持恢复到分生状态的能力，及具有脱分化的能力。多数情况下，脱分化的结果是产生愈伤组织，由外植体形成愈伤组织标志着植物组织培养的开始。培养的植物组织与细胞在经过脱分化和再分化再生出新的植物体过程中，特别是再分化时，可经过两条途径：一个是由愈伤组织的部分细胞先分化产生芽(或根)，再在另一种培养基上产生根(或芽)，形成一个完整的植株，因为芽和根都是植物体的器官，所以这一过程叫器官发生途径。另一个是在愈伤组织中产生出一些与种子中的胚相似的结构，即同时形成一个有苗端和根端的两极性结构，然后再在另一种培养基上同时发展成带根苗，由于这一过程与种子中胚的形成和种子萌发时形成幼苗的过程相似，因此叫做胚状体发生或无性胚胎发生。组培条件下，植物再生是走器官发生途径还是走胚状体途径，随植物种类的不同而不同，也随培养基的不同而变化，有时甚至同一种植物在同一条件下，既存在胚状体发生途径，也存在器官发生途径，这都是自然现象，是正常的，只是两种发生途径的频率随着基因类型的不同和培养条件的改变而差异显著。

任务二　愈伤组织的形成

在植物细胞、组织和器官培养中，主要目标是诱导愈伤组织形成和形态发生，使一个细胞、一块组织或一个器官的细胞，通过脱分化形成愈伤组织，并再分化成植株。在愈伤组织培养中，应该根据不同的培养目的选取不同的外植体。如果是为了获得愈伤组织，可取植株茎段、叶、根、花和种子，或者其中的某些组织切成片或块状，接种到培养基上即可。如果要进行细致的研究，则要考虑外植体的一致性，具体过程中常常采用打孔器从经消毒后的块茎和块根中钻出一批圆柱形的组织，然后将其切成相同厚度的小圆片，即可得到大量外形简单而结构相同的材料，有利于组织块与外界进行气体交换和营养物质的交换。经过消毒的外植体还需要进行修剪，除去所有坏死的组织，并且应该把握组织块的大小。若组织块太大，会增加污染的机会；而太小又会增加损害完整细胞的比例，使之难以发生细胞分裂，且组织块太小会增加操作的难度。一般情况下，每 $9cm^2$ 培养基上接种 5～6 块外植体，多数情况下可直接放在培养基上，有时为了促进培养基中生长素和营养物质的自然流向，可将茎段的顶面朝下，接触培养基放置。

植物的任何器官和任何组织的细胞，在离体培养中，接受各种因素作用，细胞会发生分裂而脱分化，经持续分裂增殖成细胞团，并进一步分化发展成为不受亲体外植体影响的典型愈伤组织，这些愈伤组织可转移到新鲜的相同培养基上培养而长期保存，或在液体培养基中进行悬浮培养而迅速增殖，用于大规模生产有用化合物，或用于细胞培养筛选无性系，或用于原生质体培养等。

从单个细胞或一块外植体形成典型的愈伤组织，大致要经历三个时期：

（一）诱导期

诱导期是细胞准备进行分裂的时期。接种的外植体材料的细胞通常都是成熟细胞，处于静止状态。诱导期是通过一些刺激因素和激素的诱导作用，使其合成代谢活动加强，迅速进行蛋白质和核酸物质的合成。此期细胞的大小变化不大。诱导期的长短，因植物种类和外植体的生理状况与外部因素而异。如有的植物（菊芋）的诱导期只要一天，而有的植物（胡萝卜）的诱导期需要几天。CO_2 对诱导分化有抑制作用，因此，增加可利用的氧和迅速除去释放的 CO_2 有利于细胞分裂。组织的机械损伤能诱导细胞开始分裂，如伤口往往出现愈伤组织。在组织培养中沿用了愈伤组织的概念，其实组织培养中诱导的细胞组织大都不是损伤的结果。外源生长物质对诱导细胞开始分裂的效果最好，最常用的有 2，4-D、NAA、IAA、细胞分裂素等。

静止细胞是具有分裂潜力的，只是被存在着的一类抑制剂所抑制，如果除去抑制物质，就可恢复分裂能力。这些抑制物质的作用是阻碍 DNA 复制，若加入抵消抑制剂影响的物质，那么细胞就立即进行 DNA 复制，全部细胞进入合成期，并发生同步分裂。分裂前的细胞内发生一系列的变动，细胞的气体交换迅速增加，多聚核糖体不断增多，蛋白质发生周期性积累，酶活力也发生变化。

（二）分裂期

分裂期是指细胞通过一分为二的分裂，不断增生子细胞的时期。外植体的细胞一旦经过诱导，其外层细胞开始发生细胞分裂，使细胞脱分化，表现在细胞的数目迅速增加，例如胡萝卜培养 7d 后，细胞数可增加 10 倍；每个细胞的平均鲜重下降，这是由于细胞鲜重的增加不如细胞数目的增加快；细胞体积小，内无液泡，如同根尖和茎尖的分生组织细胞一样；细胞的核和核仁增大到最大，细胞中 RNA 的含量减少，而 DNA 的含量保持不变；随着细胞不断分裂和组织生长，组织的总干重、蛋白质和核酸的含量大大增加，新细胞壁的合成极快。总之，分裂期愈伤组织的共同特征是：细胞分裂快，结构疏松，缺少有组织的结构维持其不分化的状态。

如果在原培养基上继续培养，细胞将不可避免地发生分化，产生新的结构，但是把它及时转移到新鲜的培养基上，则愈伤组织可无限制地进行细胞分裂，而维持其不分化的状态。外植体的脱分化因植物种类和器官及其生理状况的不同而有很大差别，如烟草、胡萝卜等的脱分化较易，而禾谷类的脱分化较难；花器的脱分化较易，而茎叶的脱分化较难；幼嫩组织的脱分化较易，而成熟老组织的脱分化较难。

（三）分化期

分化期是指停止分裂的细胞发生生理代谢变化而形成不同形态和功能的细胞的时期。细胞内开始发生一系列的形态和生理变化，导致细胞在形态和生理功能上的分化，出现形态和功能各异的细胞。

（1）细胞分裂部位和方向发生改变。主要特征是：分裂期的细胞分裂局限在组织的外缘，主要是单周分裂；在分化期开始后，愈伤组织表层细胞的分裂逐渐减慢，直至停止。愈伤组织内部深处局部地区的细胞开始分裂，使分裂面的方向发生改变，出现了瘤状结构的外表和内部分化。

（2）分生组织瘤状结构和维管组织的形成。迅速生长的愈伤组织都是极相似的，而当愈伤组织的生长速度减慢时，就会出现特殊的形状和结构。一个显著的特征是：形成由分生组织组成的瘤状结构，它变成不再进一步分化的生长中心，而在其周缘产生扩展的薄壁细胞。瘤状结构团团地散布在愈伤组织块中。这时形成了维管组织，但不形成维管系统，而呈分散的节状和短束状结构，既可单由木质部组成，也可由木质部、韧皮部乃至形成层组成。细胞分裂素促进维管化组织形成。

（3）细胞的体积不再减小。形成分化时的一个最好征兆是愈伤组织细胞的平均大小突然不再减小，而在此以后保持相对不变。

（4）出现了各种类型的细胞，如薄壁细胞、分生细胞、管胞、石细胞、纤维细胞、色素细胞、毛状细胞、细胞丝状体等。

（5）生长旺盛的愈伤组织一般呈奶黄色或白色，有光泽，也有淡绿色或绿色的；老化的愈伤组织多转变为黄色甚至褐色。

外植体的细胞经过诱导、分裂和分化等一系列巨大变化过程，形成了无序结构的愈伤组织块。它们若在原培养基上继续培养，由于其中营养不足或有毒代谢物的积累，会导致愈伤组织块停止生长，直至老化而变黑、死亡。因此，若要愈伤组织继续生长增殖，必须定期地将它们分成小块，接种到新鲜的原培养基上继代培养，愈伤组织可长期保持旺盛的生长。用继代培养维持愈伤组织生长，也是长期保存愈伤组织的一种方法。

一般来说，愈伤组织的增殖生长只发生在不与琼脂接触的表面，而与琼脂接触的一面极少有细胞增殖，只是细胞分化形成紧密的组织块。因此，由于愈伤组织的迅速增殖，整个愈伤组织小方块变成了一个不规则的馒头状的组织块。它是愈伤组织表面或近表面瘤状物生长的结果。愈伤组织之间的质地有显著不同，有的很松脆，有的很坚实，且这两类愈伤组织可互相转变。其方法是：加入高浓度的生长物质，可使坚实的愈伤组织变得松脆。反之，减低或除去生长物质，则松脆的愈伤组织可以变得坚实。松脆的愈伤组织都有大量的分生组织中心，进行活跃的细胞分裂，为大而未分化的细胞所分开；而坚实的愈伤组织很少分化，大都是高度液泡化的细胞。松脆的愈伤组织是进行悬浮培养最适合的材料，稍经机械振荡，即可使组织分散成单细胞或少数几个细胞组成的小细胞团，在培养中细胞产生迅速增殖；而坚实的愈伤组织中的细胞间被果胶质紧紧地粘着，因而往往不能形成良好的悬浮系统。

任务三　愈伤组织形态发生的方式

在愈伤组织培养物中，细胞分裂常以无规则方式发生，并产生无明显形态或极性的无序结构组织块，这时虽然在愈伤组织中发生了细胞分化，形成维管化组织和瘤状结构，但并无器官发生。只有满足某些条件，才可从愈伤组织发生再分化而产生苗或根的分生组织，甚至胚状体，进而使它发育成苗或完整植株。

一、不定芽和根的发生途径

不定芽和根的发生是愈伤组织培养物或细胞培养物中常见的器官发生方式，分三个不同的生长阶段。首先是细胞和离体外植体脱分化形成愈伤组织，这是外植体细胞分裂的结果；其次是愈伤组织中形成一些分生细胞，形成瘤状结构；最后是器官原基的形成，在某些情况下分生细胞团发生分化而形成不同的器官原基。器官原基是由一个或一小团发生细胞经细胞分裂而形成，进而产生小块分生组织，这些分生组织只有在一定的条件下，才可以逐渐转变到构成器官的纵轴上表现出单极性，从而分化出芽和根。很多研究表明，在植物组织培养中，外植体形成愈伤组织后，利用植物激素比例调控器官发生的模式，一般生长素有利于愈伤组织形成根，而细胞分裂素促进芽的发生。

由愈伤组织经器官发生途径形成完整植株的顺序有四种情况：一是愈伤组织仅有根或芽器官的分别形成，即无根的芽或无芽的根。二是先形成芽，再在芽伸长后，在其茎的基部长出根而形成小植株。多数植物属于这种情况。三是先产生根，再从根的基部分化出芽而形成小植株。这种情况在双子叶植物中较普遍，而单子叶植物很少有这种情况。四是先在愈伤组织的邻近不同部位分别形成芽和根，然后两者结合起来形成一株小植株。但在组织培养中先形成根的，往往抑制芽的形成，而一般先产生芽的，则以后较易产生根。在组织培养过程中常可看到一些异常的结构，如芽的类似物、叶的类似结构、不正常的玻璃苗等，这种情况多半是生长物质水平过高或比例不协调引起的。

二、体细胞胚的发生途径

通常将高等植物的卵细胞受精后发育成的胚称为合子胚，而将高等植物的体细胞在一定条件下诱导形成的胚称为体细胞胚，也就是所谓的胚状体。大量研究表明，植物的体细胞具有形成胚的潜力。在植物组织培养中，培养细胞经诱导分化出具有胚芽、胚根、胚轴的胚状体结构，进而长成完整植株。

胚状体是植物组织培养形态发生的另一常见而重要的方式，由外植体经胚状体形成完整植株的具体过程可分为三个不同阶段：①外植体细胞脱分化。外植体发生细胞分裂，或进而形成愈伤组织。②胚状体形成。在植物有性生殖中，精子和卵结合形成合子，合子进一步发育成胚。但在组织培养条件下胚状体的发育过程是：细胞经脱分化后发生持续细胞分裂增殖，并依次经过原胚期、球形胚期、心形胚期、鱼雷形胚期和子叶期，进而成为成熟的有机体。我们把由愈伤组织的类似薄壁组织细胞不经有性过程而直接产生类似胚的这一结构称为胚状体。③胚状体发育成完整植株。在外观上，有光滑、圆形突起的形状。

胚状体在组织学上与不定芽有不同的特征。胚状体最根本的特征是具有两极性，即在发育的早期阶段，从其方向相反的两端分化出茎端和根端，而不定芽或不定根都为单向极性；胚状体的维管组织与外植体的维管组织无解剖结构上的联系，而不定芽或不定根往往总是与愈伤组织的维管组织相联系；胚状体维管组织的分布是独立的"V"字形，而不定芽的维管组织无此现象。胚状体较不定芽方式有更多的优点，如胚状体产生的数量比不定芽多；胚状体可制成人工种子，便于运输和保存；胚状体的有性后代遗传性更接近母体植株。这些对组织培养应用于育种是十分有利而重要的。

任务四　愈伤组织形态发生的调控

细胞和愈伤组织的形态发生主要受外植体本身、培养基和培养环境等三大因素的调控。

(一)外植体本身

1. 遗传型

外植体的基因型对愈伤组织的器官分化有决定性的影响。不同植物种的器官分化明显不同，如烟草、胡萝卜和矮牵牛等植物容易诱导器官形成，而禾谷类、豆类、棉花等就比较困难。

2. 器官和部位

通常同一种植物的不同器官或组织所形成的愈伤组织，无论在生理上或形态上，其差别均不大。但是对有些植物而言，却有明显差异。如油菜的花器比叶、根等易于分化成苗，水稻和小麦幼穗的苗分化频率也比其他器官为高。

3. 年龄

年龄较幼的外植体，不仅易于诱导形成愈伤组织，而且容易诱导分化成植株。如油菜植株的自下而上的茎段培养结果表明，下部的器官形成频率低，愈往上部，苗的分化频率越高。年龄也有明显影响，年龄越老，当转移到分化培养基上生长时，其苗分化频率越低。因此在组织培养中，要及时转移已形成的愈伤组织进行分化培养，可大大提高苗的分化频率。

(二)培养基

培养基的各种成分和物理性质都对器官发生产生一定影响，但起决定作用的仍然是植物生长激素，特别是生长素和细胞分裂素的配比。虽然有些组织在只有无机盐和糖的条件下也能形成愈伤组织，但毕竟是少数。

1. 生长素

腺嘌呤/IAA 的比例是控制芽和根形成的重要条件之一，IAA 对芽的抑制作用可为腺嘌呤或腺苷所克服。腺嘌呤/IAA 的比例高时，有利于芽形成；而这一比例低时，有利于根形成。这样，通过变换激素的种类和浓度，即可有效地调节培养组织的器官分化。

必须指出，不同的生长素和细胞分裂素对生根和长芽的效果是不同的。如 NAA 对生根的作用比 IAA 和 IBA 的效果好，但用 IAA 和 IBA 处理，产生的根比较健壮，而用 NAA 处理，产生的根则较纤细。2,4-D 往往对生根不利，特别是在较高的浓度下。Kt 和 BA 能广泛地诱导芽的形成，但 BA 比激动素的效力大。玉米素的作用范围较窄，但对某些植物有特效。因此，往往多数植物采用 BA 和 Kt 来诱导芽的形成。

2. 无机营养元素

在植物组织培养中，和整体植物一样，细胞的生长也要求满足植物生长的必要元素，若完全缺乏或过多或不足，也会影响细胞的生长和分化。不过其影响不如激素的影响明显。但是各种类型的植物，器官所需要的每种元素的量，特别是大量元素是有区别的，如生根培养要求无机离子浓度小一些，所以常用 1/2MS 或 White 培养基。如有些植物要求的氮，以硝酸态的形式供应为佳；而有些植物要求的氮，以铵态氮的形式供应为佳。

3. 有机成分

在培养基中加入糖、维生素 B_1、维生素 PP、维生素 B_2、肌醇、甘氨酸等，可以满足愈伤组织生长和分化的要求。各种氨基酸和嘌呤、嘧啶类物质，可以促进器官分化。其中，酪氨酸可明显增加烟草组织培养的器官形成。酰胺类往往有促进器官形成的作用。水解酪蛋白中含有多种氨基酸，在进行器官分化培养时，加入一定量是有益的。

糖的种类和浓度对培养组织的增殖及以后的器官分化均有明显影响，它不仅可作为碳源，而且是培养基渗透调节剂。培养基中的渗透压，对细胞增殖和胚状体的形成都有十分明显的影响，在花药培养中受到普遍的重视。如油菜花药培养宜先放在高糖(9%～10%)培养基中培养，有利于细胞增殖和胚状体的形成。

在组织培养过程中加一些植物器官的汁液，也常常产生良好的效应，如椰子汁、麦芽汁、酵母提取物、番茄汁、荸荠汁、马铃薯汁、青玉米汁等，其中用得最多而有效的是椰子汁。这些汁液不仅提供了一些生理活性物质，而且补充了一些未知的微量成分。

4. 物理性质

培养基的物理性质(固体状态或液体状态，渗透压和 pH 值)对形态发生有明显的影响。在胡萝卜和石刁柏的培养过程中，需要改变培养基的形式，才能顺利地分化出苗。其方法是：第一阶段诱导形成愈伤组织，应在固体琼脂培养基上进行培养；第二阶段细胞和胚状体的增殖，需在液体培养基中完成；第三阶段由胚状体发育成可移植的植株，又应转移到固体琼脂培养基上进行培养。

(三)培养环境

1. 光照

在离体无菌培养条件下，光照的作用并不是提供光合作用的能源，因为培养基中已有足够的碳源供利用，这时细胞是处在异养条件下。因此，光对器官的作用是一种诱导反应。一定的光照对小苗的形成、根的发生、枝的分化和胚状体的形成有促进作用。

2. 温度

在组织培养中，一般都采用(25±2)℃的恒温条件进行外植体的培养。对一般植物来讲，都可较好地形成芽和根。但是很多资料表明，温度高低对器官发生的数量和质量仍有影响。

思考与练习

1. 简述愈伤组织培养的概念。
2. 典型愈伤组织形成的三个时期是什么？
3. 愈伤组织形成的分裂期有何变化？其原因是什么？

4. 愈伤组织再生成完整植株有几种方式？哪一种较好？为什么？
5. 培养基成分对愈伤组织有什么影响？
6. 简述胚状体的定义、胚状体发生的特点及优点。
7. 如何调控愈伤组织的形态发生途径？

项目六　马铃薯叶片组织培养

知识目标

1. 掌握以叶片为外植体的组织培养原理和过程；
2. 掌握叶器官组织培养的操作要点及注意事项。

技能目标

掌握叶片组织培养的操作技术。

任务一　马铃薯叶片组织培养的方法

很多植物的叶片有很强大的再生能力。在自然条件下，从叶片能够产生不定芽的植物，以羊齿植物最多，其次是双子叶植物，单子叶较少。在植物组织培养条件下，很多植物的叶片组织可以直接诱导形成芽、根等器官，或经脱分化形成愈伤组织，再由愈伤组织分化出茎、叶、根，形成完整的植株。马铃薯叶片培养是指以马铃薯叶器官为外植体进行的离体培养技术。叶器官包括叶原基、叶柄、叶鞘、叶肉、子叶等叶组织。目前，叶器官离体培养再生植株已在许多植物中获得成功。

离体叶片培养具有重要的理论和实践意义。第一，它是研究叶片形态建成、光合作用、叶绿素形成等理论问题的良好方法。离体叶片不受整体植株的影响，这样就可以根据研究的需要而改变其培养基成分来研究其营养的吸收、生长和代谢变化。第二，通过叶片组织的脱分化和再分化培养，以证实叶细胞的全能性。第三，通过离体叶片组织、细胞的培养，探索离体叶片组织、细胞培养的条件和影响因素，为叶片原生质体培养和原生质体融合研究提供理论依据。第四，利用离体叶片组织的再生特性，建立植物体细胞快速无性繁殖系，提高某些不易繁殖植物的繁殖系数。第五，叶片细胞培养物是良好的遗传诱变系统，经过自然变异或者人工诱变处理可筛选出突变体而应用于育种实践。

一、叶原基培养

叶原基培养是研究叶片形态建成的重要手段。先把外植体进行常规消毒，然后在超净台上剥离。具体方法如下：采用马铃薯块茎的顶芽，剥去部分鳞片后，在5%次氯酸溶液中浸泡2min，进行表面消毒，切取柱状叶原基进行培养。培养基采用Knops无机盐（部分修改）或Kundson(1951)配方，添加Nitsh配方中的微量元素（再加$CoCl_2$ 225mg/L）和2%蔗糖、8%琼脂。pH值调至5.5。部分实验中添加维生素、NAA、水解酪蛋白等。温度为24℃，人工光照24h。

二、叶片组织培养的过程

（一）叶片组织培养的一般方法

1. 叶片组织分离与消毒

大多数植物的叶原基、幼嫩叶片，双子叶植物的子叶，单子叶植物心叶的叶尖组织等，都可以用于叶片组织的脱分化和再分化培养。

用植物幼嫩叶片进行培养时，首先选取植株顶端未充分展开的幼嫩叶片，经流水冲洗，用蘸有少量75%乙醇的纱布擦拭叶片两面后，放入0.1%升汞溶液中消毒5～8min，用无菌水冲洗3～4次。消毒时间根据供试材料的情况而定，一般情况要通过预备试验确定消毒时间，消毒时间过长，叶片容易缩水、刚脆；消毒时间过短，材料去污染效果不好。特别幼嫩的叶片的消毒时间宜短。消毒后的叶片转入到铺有滤纸的无菌培养皿内，用解剖刀切成5mm×5mm左右的小块，然后上表皮朝上接在固体培养基上培养。

2. 培养基

叶片组织培养常用的有MS、B_5、White、N_6等培养基。培养基中的糖源一般使用蔗糖，浓度为3%左右。培养基中附加椰子汁等有机添加物，有利于叶片组织培养中的形态发生。植物生长物质是影响叶片组织脱分化和再分化的主要因素。对大多数双子叶植物的叶组织培养来说，细胞分裂素，特别是KT和6-BA有利于芽的形成；生长素，特别是NAA则抑制芽的形成而有利于根的发生；2,4-D有利于愈伤组织的形成。

硝酸银在马铃薯叶片组织培养的愈伤诱导阶段和芽再生阶段中能显著地提高芽的再生频率。尤其在愈伤诱导阶段中它可刺激芽的直接形成而不经过愈伤形成过程。硫代硫酸银对叶片组织培养中愈伤诱导和芽再生的作用没有硝酸银显著，亦不能促进愈伤诱导阶段的芽直接形成。在马铃薯叶片组织培养过程中有乙烯的生物合成，通过调节乙烯的合成或作用过程可以改良马铃薯叶片的组织培养效果。马铃薯叶片培养的最适培养基为：愈伤组织诱导培养基MS+6-BA 2.5mg/L+NAA 0.2mg/L+GA_3 10mg/L；芽分化培养基MS+6-BA 2.0mg/L+GA 310mg/L+$AgNO_3$ 4mg/L；继代生根培养基MS+6-BA 0.05mg/L。

3. 培养

叶片组织接种后于25～28℃条件下培养，每天光照12～16h，光照强度为1 500～2 000lx；不定芽分化和生长期光照应增加到3 000～10 000lx。

（二）离体叶片组织的发生途径

在离体叶片组织脱分化和再分化培养中，茎和芽的分化主要有四个途径：

1. 直接产生不定芽

叶片组织离体培养后，离体叶片切口处组织迅速愈合并产生瘤状突起，进而产生大量不定芽；或由离体叶肉栅栏组织直接脱分化，形成分生细胞进而分裂形成分生细胞团，产生不定芽。在这两种情况中一般都不形成愈伤组织，是离体叶片直接产生不定芽的形式。

2. 由愈伤组织产生不定芽

叶片组织离体培养之后，首先由离体叶片组织脱分化形成愈伤组织，然后由愈伤组织分化出不定芽；或者脱分化形成的愈伤组织经继代（一代至多代）后诱导不定芽的分化。这类方式的不定芽产生，可以两种方式诱导形成：一种是一次诱导，即利用一种培养基，在适当的植物生长物质的调节下，先诱导产生大量愈伤组织，愈伤组织进一步分化出不定芽。第二种是两次诱导法，即先利用脱分化培养基诱导出愈伤组织，后利用再分化培养基诱导出不定芽。

3. 胚状体形成

叶片组织离体培养中胚状体的形成也是非常普遍的。在菊花叶片培养中，一般由愈伤体产生胚状体居多，这类胚状体系由愈伤组织中的分生细胞先经过分裂形成胚性细胞团，再进一步发育成原胚、球形胚到鱼雷形胚。叶肉栅栏细胞和海绵细胞、叶片表皮细胞经脱分化后都能产生胚状体。

4. 其他途径

大蒜的贮藏叶片及水仙的鳞片叶片经离体培养后，直接或经愈伤组织再生出球状体或小鳞茎而再发育成小植株。

任务二　影响叶片组织培养的因素

1. 基因型

不同的植物种类在叶片组织培养特性上有一定的差异，同一个物种的不同品种的叶片组织，其培养特性也不尽相同。

2. 激素

KT 和 6-BA 在 1～4mg/L 浓度范围内均能诱导离体烟草叶片组织产生大量的不定芽，并且随着浓度的增加，不定芽数目有增大的趋势。两种细胞分裂素对芽的分化影响，6-BA 的作用大于 KT 的作用，但 6-BA 对不定芽的进一步发育即茎叶的形成有一定的抑制作用。

在适宜浓度范围内，虽然细胞分裂素能诱导大量的芽苗分化，但若与适当的生长素配合使用，可以获得更好的结果。当 KT/NAA 的配比为 20∶1 时，形成大量的苗；随 KT/NAA 配比的降低，芽苗分化率下降，愈伤组织生长量逐渐增大。当 KT，NAA 的配比为 1∶0.5 时，促进根的发生。6-BA/NAA 的比值在 0.5∶1～20∶1 范围内，均有利于芽苗的分化、无根的发生，但随着培养基中 NAA 浓度的升高，脱分化产生的愈伤组织量有所增加。

3. 供试植株的成熟度

一般植株在成株期叶片组织脱分化和再分化需要的时间较长，而且叶片膨大体积较大，多在刀口处形成大量的愈伤组织和分生细胞团，芽苗大多发生在这些细胞分生团和结构致密的愈伤组织上，不像幼叶那样直接从不同部位成苗。个体发育早期的幼嫩叶片较成熟期幼嫩叶片的分化能力强。

离体叶片本身的位置对叶片组织分化的影响很大。同一植株不同叶位叶片对器官分化有影响，发育完全的叶片组织器官的分化能力较发育幼龄叶片组织的再分化能力弱得多。

在离体叶片再生中，叶脉的作用非常明显。不少植物的叶外植体，常从叶柄和叶脉的切口处（如杨树等）形成愈伤组织和分化成苗。

叶片组织的极性也影响某些植物叶片组织的培养。一些烟草品种的离体叶片，若将背叶面朝上放置，就不生长、死亡或只形成愈伤组织，而没有器官的分化。

4. 损伤

为了诱导愈伤组织而对离体叶片进行的损伤操作对于愈伤组织的形成具有一定的影响。大量的叶片组织培养证明，大多数植物愈伤组织首先在切口处形成，或在切口处直接产生芽苗的分化。

损伤作为一种刺激，一方面是造成伤口处部分细胞的破损，细胞内某些物质流出而产生影响；另一方面是造成组织系统的分割，使整个外植体更趋于呈开放系统状态，伤口附近的未破损细胞也不可避免地受到一定的应力形变和细胞内生化代谢的改变。而这种变化，毋庸置疑，对细胞分化具有很大影响。但是，损伤引起的细胞分裂活动并非诱导愈伤组织和器官发生的唯一源泉。一些植物(如某些菊花、秋海棠)还可以从没有损伤的离体叶组织表面大量发生。

思考与练习

1. 叶片组织包括哪些?
2. 叶片培养中叶片消毒的一般过程包括哪些方面?
3. 叶片组织培养中形态发生的途径有哪些?
4. 什么化学物质对马铃薯组织培养中芽的诱导有明显作用?
5. 影响叶片组织培养的因素是什么?

项目七　马铃薯茎尖培养脱毒技术

知识目标

1. 了解马铃薯茎尖脱毒的理论基础和常规方法；
2. 掌握常用的马铃薯试管苗茎段培养知识；
3. 掌握马铃薯脱毒试管苗的保存方法。

技能目标

1. 熟练掌握马铃薯茎尖脱毒技术；
2. 掌握马铃薯的茎段繁殖技术；
3. 掌握马铃薯脱毒苗的保存技术；
4. 学会利用试管苗诱导微型脱毒马铃薯的方法。

马铃薯由于具有高产、生育期短、适应性广、抗灾害能力强、营养丰富、用途广泛等优势，在世界范围内广泛种植，已成为世界第四大粮食作物。马铃薯在我国已有400多年的种植历史，目前，我国是世界马铃薯第一大生产国，种植面积和总产量约占世界种植面积和总产量的1/4，单产水平低于世界平均水平，全国有22个省(自治区、直辖市)种植马铃薯。影响马铃薯生产的最重要因素是马铃薯病毒引起的马铃薯种薯退化问题，解决这个问题最有效的方法就是应用脱毒种薯。我国脱毒种薯的应用面积仅为马铃薯种植面积的20%左右，而发达国家这一比例均为90%以上。所以，当务之急是培育出适应市场需要的脱毒种薯，扩大播种面积，提高单产和质量，促进马铃薯产业的发展。

任务一　马铃薯病毒病

马铃薯栽培常以块茎作为繁殖器官进行无性繁殖，极易受病毒侵染，并通过块茎无性繁殖逐代积累。发生病毒性种薯退化就是因为病毒侵入后破坏马铃薯植株正常的生理功能，致使植株表现出生长衰退、株型变矮、叶面皱缩、叶片出现黄绿相间的嵌斑、叶脉坏死、整个复叶脱落等症状，其中一个或多个症状就会造成生长失常，导致种薯种性退化，大幅减产。

已知感染马铃薯的病毒有19种，类病毒有1种。在我国已发现7种专门寄生于马铃薯的病毒，即马铃薯X病毒(PVX)、马铃薯Y病毒(PVY)、马铃薯S病毒(PVS)、马铃薯M病毒(PVM)、马铃薯A病毒(PVA)、马铃薯奥古巴花叶病毒(又叫黄斑花叶病毒，简称PAMV)和马铃薯卷叶病毒(PLRV)。自然侵染马铃薯的类病毒为马铃薯纺锤块茎类病毒，目前已证明在我国许多栽培品种和实生种子中存在该类病毒，并且无法通过茎尖脱毒除去。

马铃薯病毒的增殖与植物正常的生长代谢极为密切，目前尚未发现既能治疗病毒又不损伤植物的防治良药，而茎尖组织脱毒培养技术成为马铃薯病毒病治疗的最先进、最有效的的技术。马铃薯茎尖培养是指对马铃薯茎顶端的原分生组织和它衍生的分生组织进行组织培养的过程。目前，马铃薯脱毒的主要方法和技术有原生质体培养、花药培养、分生组织顶尖培养等，均可达脱毒目的，但技术手段不一，效果也存在一定差异。有关研究证明，已感染病毒的植株可以通过茎尖分生组织培养恢复成无病毒植株，可能是由于茎尖分生组织中的细胞分裂速度很快，超过病毒粒子的复制速度，使病毒粒子在复制过程中得不到营养而受到抑制；也可能是由于分生组织中某些高浓度的激素抑制了病毒。美国、英国、荷兰等国家都相继进行了类似研究，目前这种技术不仅成为世界各国获得马铃薯无病毒材料的主要手段，而且发展成为对几乎所有无性繁殖作物病毒病进行防治的有效方法。

任务二　马铃薯茎尖组织脱毒技术

当感染马铃薯的病毒接触、侵入到马铃薯叶片表面后，经过繁殖就向邻近细胞转移，其速度较慢，之后病毒浓度逐渐增大，转移到韧皮部后通过微管束转移到植株的其他部分。而茎尖分生组织没有微管束，病毒也只有通过细胞间隙的胞间连丝来传递，其速度远无茎尖分生细胞分裂增殖的快，所以生长点的病毒数量极少。通过切取茎尖组织可获得不带病毒的外植体，进行组织培养，可获得不带病毒的完整植株。

一、材料的选择和消毒

因为马铃薯纺锤块茎类病毒不能通过茎尖组织培养方法脱除，所以不能选择感染该类病毒的植株。在生长季节，可从大田直接取材，顶芽和腋芽都能利用，顶芽的茎尖生长要比取自腋芽的快，成活率也高；还可以从大田中切取插条，放到实验室的营养液中生长，由这些插条的腋芽长成的枝条，要比直接取自田间的枝条的污染少得多。而为了减少污染，常把供试植株种在无菌的花盆中，然后在温室中进行栽培；或者将收获的块茎等渡过休眠后进行室内催芽，待芽长至 4～5cm 还未充分展开叶时剪芽。过长的芽生长点宜分化成花芽，影响剥离。

剪取茎尖的芽后剥去外面几层叶片，放于烧杯中，用纱布封口，放于自来水下冲洗 30min，控干水后放于无菌室严格消毒。消毒时先在 95%的酒精中迅速沾一下，消除叶片的表面张力，然后放于 5%的漂白粉溶液中浸泡 5～10min，再用无菌水冲洗 3～5 次。

二、茎尖剥离和接种

在超净工作台上，将消过毒的芽放在已灭菌的垫有滤纸的培养皿中，置于 40 倍解剖镜下，一只手用镊子将茎芽固定于解剖镜视野中，另一只手用解剖针仔细地将幼叶剥去，最后露出圆滑的生长点，用注射的针头侧刃或自制的解剖针，仔细地切取带有 1～2 个叶原基的生长点(0.3～0.5mm)，随即接种到有培养基的试管中，注意顶部向上，每管接 1～2 个茎尖，进行培养，严格说来，应该称为分生组织培养。茎尖外植体的大小与脱毒效果成反比，但不带叶原基的过小的外植体不易存活(表 7-1)。因为茎尖分生组织不能合成自身需要的生长物质，而分生组织以下的 1～3 个叶原基能够合成并供给分生组织生长素、细胞分裂素，因而，带叶原基的茎尖生长快，成活率高，但茎尖过大，脱毒效果较差。脱除马铃薯不同病毒病选择的适宜茎尖大小如表 7-2 所示。

表 7-1　离体茎尖长度对马铃薯脱毒的影响

茎尖长度(mm)	叶原基数(个)	发育成小植株数(个)	无病毒再生植株数(个)
0.12	1	50	24
0.27	2	42	18
0.60	4	64	0

表 7-2　马铃薯脱毒的适宜茎尖大小　　单位：mm

病毒种类	茎尖大小	病毒种类	茎尖大小
马铃薯卷叶病毒	1.0～3.0	马铃薯 G 病毒	0.2～0.3
马铃薯 Y 病毒	1.0～3.0	马铃薯 S 病毒	0.2 以下
马铃薯 X 病毒	0.2～0.5		

所用器具都应浸泡在 75%的酒精中，使用前要在精灯上烧灼灭菌，注意解剖针、刀不能太烫，以免灼伤组织。双手应该经常用 75%的酒精擦拭。茎尖很幼嫩，剥离茎尖时注意切勿损伤生长点。而且在超净工作台暴露的时间越短越好，因为超净工作台的气流和酒精等、的热量都会使茎尖迅速变干。为防止茎尖变干失水，可以用无菌水湿润滤纸。

三、茎尖培养

目前茎尖培养常使用 MS、White 培养基，它们有较高的无机盐浓度，对促进组织分化和愈伤组织生长有利。马铃薯茎尖培养对各种氨基酸和维生素并没有特殊要求，一般加蔗糖就可满足需要，添加 0.01～0.1mg/L 的 NAA 或细胞分裂素对茎尖生长更好。马铃薯茎尖培养需要的最适光强随发育时期的递进而有所增加。刚培养时是 1 000lx，4 周后增至 2 000lx，5～6 周后增至 4 000lx，每天光照 10～16h，温度要保持在 25℃。培养 2 个月左右，大的茎尖再生出绿芽，小的茎尖(0.1～0.2mm)则需要 3 个月以上才能发生绿芽，期间要更换新鲜培养基，并提高培养基中 6-BA 的浓度，可以形成大量的丛生芽。

马铃薯茎尖培养一般常采用半固体(琼脂培养基)培养，但去掉琼脂的液体培养基的培养效果更好。液体培养时将滤纸桥插入液体培养基中，将茎尖置于滤纸桥中部(须事先折叠成略向下陷)进行培养。这种方式有利于外植体的通气、生根，并能消除琼脂中的杂质对茎尖生长和脱毒效果的不利影响。

马铃薯茎尖培养的生长可能有四种类型：一是组织不增大，不久变褐、死亡，这可能是生长点受伤所致。二是组织逐渐变绿，但体积增大缓慢。这种情况下，可以把组织转移到 NAA 浓度高于 0.05mg/L 的培养基上，并提高温度，加速生长。三是组织基部不产生或少量产生愈伤组织，而生长点发育正常，一个月内可形成无根的小植株。这是最理想的情况，当长到 2～3 片叶时，应该把小植株转到无生长激素的培养基上，促使生根。四是茎尖基部产生大量愈伤组织而生长点很少伸长。这种情况不理想，应该把这些愈伤组织转移到无生长激素的培养基上，并降温培养，以抑制愈伤组织生长，促进分化。

四、诱导生根

有时茎尖培养形成绿芽的基部很快就能发生不定根，而有时不产生不定根，需要经过诱导生根才能成为完整的植株。诱导生根的方法是将2～3cm高的无根苗转移到生根培养基上，继续培养1～2个月即可生根。如果取茎尖脱毒苗的茎尖再进行培养，大小可以大于第一次切取的茎尖。二次茎尖培养，脱毒率可达到100%。

任务三　脱毒效果的检测和脱毒苗的保存

一、脱毒效果的检测

利用茎尖生长点培养无毒苗的成苗率和脱毒率都较低，有时无毒株只占千分之几。因此，每一茎尖分化的植株，在作为母本生产无毒原种之前都必须进行特定病毒的鉴定。

由于在培养的植株中许多病毒具有延迟的恢复期，因此在最初的18个月中每隔一定时间仍需进行鉴定。只有对待定病毒显示持续阴性反应的无毒植株才能进行扩大繁殖。另外，无毒植株容易再感染，因此在繁殖过程中仍需进行重复鉴定。常用的方法有直接测定法、指示植物法、抗血清法、酶联免疫吸附法、电镜显微检查法等。马铃薯茎尖培养获得的植株只有经鉴定，确保无特定病毒后，才可以进行扩大培养，否则将前功尽弃。

二、提高脱毒效果的方法

许多研究证明，马铃薯经严格的茎尖脱毒后仍带毒，并非操作不严或后期感染，而是病毒种类不同，其脱毒效果也不同。有些病毒能侵染茎尖分生区，如PVX和PVS。另外一种情况是马铃薯同时感染两种以上病毒。有资料显示，马铃薯茎尖组织脱除PVY和PVA的效果是85%～90%，而PVX和PVS的脱毒率小于1%。

感染病毒的植株在进行脱毒前进行高温处理，可以提高脱毒效果。高温处理又称温热疗法。某些病毒在高温时不稳定，失去活性。因此，把植物放在高于正常温度的环境里，组织内部的病毒受热后部分或全部钝化，但寄住植物的组织很少或不会受到伤害。实践中常采用变温法来处理，效果较好。例如，对于PVX和PVS，通过35～38℃的温度，处理8～18周，结合茎尖培养，已得到彻底消除这两种病毒的几个品种。

还可以借助化学药剂处理来提高脱毒效果。一些化学药品，如嘌呤和嘧啶类似物、氨基酸、抗生素的处理，可在某种程度上抑制植物体内或离体叶片内病毒的合成，但不能使病毒失活。近年来，有关研究发现三氮唑核苷(常称为病毒唑)用于防治植物的病毒非常有效。有关研究证明，在培养基中加入10mg/L病毒唑，培养马铃薯茎尖时，马铃薯X病毒的去除率为80%。病毒唑的抑制病毒作用很明显，在茎尖长度达到3～4cm时仍有较高的脱毒率。

三、脱毒苗的保存方法

脱毒苗要很好地保存，可以在生产上经济有效地发挥作用。常用的瓶苗继代保存需要在培养基中加入一些生长延缓剂，如加入1×10^{-5}(10ppm)的B_9或矮壮素，培养基的量加多些，每瓶3～4个幼苗，培养在1 000lx弱光、5～25℃低温下，这样可以隔2～3个月或稍长时间再继代一次。

但无病毒植株并没有获得额外的抗病性，它还可能被同一病毒或不同病毒感染。为此，应该将无毒原种种在温室或防虫罩内灭过菌的土壤里，以防止蚜虫传毒及各种条件下的机械传播。大规模繁殖这些植株时，应该把它们种植在田间隔离区内，或采用春播留种和夏播留种的方法，也可以把经过茎尖脱毒处理的无病毒植株，再通过离体培养进行繁殖保存。

低温保存是在苗长到 2cm 左右时，放在 4℃左右冰箱内的暗处保存，可保存 1 年。而在液氮低温（－196℃）中保存，细胞的代谢完全停顿，可以长期保存。

任务四　马铃薯脱毒原原种的扩繁技术

脱毒马铃薯具有很大的增产潜力，应在生产上广泛运用脱毒马铃薯种薯，这是提高单产和防治马铃薯因病毒侵染引起退化的重要措施。马铃薯生产和组培快繁都是建立在无性繁殖基础上的，而马铃薯病毒也正是通过无性繁殖传递的。要快速生产脱毒马铃薯种薯，就必须大量繁殖脱毒马铃薯苗，脱毒苗的生产规模应根据所需脱毒种薯的数量来定。达到一定数量后，经过炼苗后移栽试管苗到防虫温室内繁殖微型薯原原种，但其成活率一般不高。通常选用组织培养方法在三角瓶中诱导试管苗来产生试管薯，利用脱毒试管薯种植在防虫温室内来生产微型薯原原种。在人工隔离或天然隔离条件下，利用微型薯原原种繁殖一级原种和二级原种。二级原种在天然隔离条件下（高纬度或高海拔冷凉地区、风速大的海岛等地）繁殖一级良种中使用。

一、马铃薯脱毒苗茎段组培技术

目前多应用茎段组织培养技术来快速繁殖脱毒苗。茎段组织培养是指采用带有腋芽或叶柄、长数厘米的茎节段进行离体培养。由于嫩茎段的细胞可塑性很大，容易离体培养，故常作为快速繁殖的外植体。脱毒苗一定不能带纺锤块茎类病毒和其他病毒。在移栽脱毒苗之前，不管需要多少脱毒苗，都应该在试管中繁殖。

（一）茎段培养的培养基

在实践中，一般茎段培养用的培养基仍然是 MS 培养基，但不像茎尖培养严格。为了降低成本，有时有机成分和微量元素可酌减，只用大量元素和少数微量元素，并用白糖代替蔗糖，琼脂改用 0.5％浓度等。不过，用这样的培养基时要注意苗情变化，一旦发生幼苗长势减弱、苗细弱等不良现象，就改用 MS 培养基，并适当增加萘乙酸和 6-BA 等生长调节剂，使脱毒苗健康生长。如果是长期保存的试管苗，不仅不能减少 MS 成分，还应该加入 4％的甘露醇等。用于生产试管薯的培养基也不能减少 MS 成分，还应该加入 0.1％～0.5％的活性炭，有利于培养壮苗和块茎生长。

（二）茎段培养的发生与过程

茎段培养可以直接发生不定芽，或先诱导形成愈伤组织，再脱分化而形成再生苗。如果选择生长在自然环境中的外置体，例如一些球根类花卉的变态茎，就需要在培养前对外植体进行消毒灭菌，然后接种于培养基上，通过芽的诱导、增殖与生根，培养成完整的植株。

经过脱毒的马铃薯茎尖培养 4 个月左右，可发育成有 3～4 片叶的小苗，此时可将其在无菌条件下进行单节切段，每节段需带一叶片，每个 100mL 的三角瓶中接种 5～7 个茎节进行培养。在整个操作过程中要确保无菌，严格消毒并防止空气污染，以免前功尽弃，造成浪费。茎段繁殖试管苗的温度应该在25℃左右，光照16h，光照强度为2 000～3 000lx。接种5d左右生根，幼芽从叶腋发出后10d左右即可长成2～3片叶的小苗，25～30d即形成6～7节的小植株，可进行第二次单节切段扩繁。这样，由一个茎尖经人工培养后获得十几瓶脱毒试管苗，应该取两瓶苗进行病毒检测。当确认无病毒后，还需要鉴定是否具有该品种的典型性状，以防止在剥离茎尖培养过程中发生无性变异。当确认试管苗符合品种特性且不带病毒后，即可采取单节切段方法继续扩繁试管苗。如果按每瓶5个苗计算，每个苗每次切5节段，半年可繁殖15 625个苗。如果是20瓶即100个基础苗，半年可获得156万个苗。

二、马铃薯试管苗的炼苗技术

试管苗在移栽时容易死亡，为了提高移栽苗的成活率，应该采取壮苗措施，即对准备移栽的试管苗在培养基中加入10mg/L B_9 或矮壮素，并把培养室的温度降低至15～18℃，光照强度加到3 000～4 000lx，光照16h。实践中，有的在移栽前把试管苗的三角瓶放在室内窗台上散色光强的地方；也有的把三角瓶的瓶塞拔掉，让试管苗逐渐适应自养生活；还有的采用大培养皿，在无菌室加一层固体培养基，待冷却后把试管苗单节切段插在培养基中。为防止污染，可用透明胶带把培养皿圈封，放入培养室进行培养，当幼苗生根后有3～4片小叶片时即可移栽，这样的小苗带根，很容易成活。

三、马铃薯脱毒原原种的快繁技术

马铃薯脱毒种薯在国内生产上已有大面积应用。但马铃薯在无性繁种及繁殖过程中，还会受到病毒的再侵染，病毒随着无性世代又在块茎中积累，导致马铃薯种薯病毒性退化，失去原有种薯的优良特性。因此特别要在繁种过程中采取严格的措施进行预防。常用的马铃薯脱毒种薯的生产方法有脱毒苗直接生产原原种、切段扦插生产原原种、诱导试管薯生产法、雾化法等。

（一）脱毒苗直接生产原原种

经过炼苗之后的脱毒试管苗应该移栽在有防止蚜虫、粉虱和螨等传播病毒的温室或网室中，同时还应该给脱毒苗创造良好的生长条件。具体要求如下：

（1）移栽脱毒苗前，温室或网室要清除杂草并喷施乐果灭蚜虫。

（2）脱毒苗在移栽前要将其根部的培养基用水清洗掉，以防霉菌寄生而烂根。在运送苗时要用湿布保护，防止根部受伤。

（3）移栽所用土壤要疏松，通气性良好。一般用草炭、蛭石、珍珠岩、粗砂和腐熟的马粪做基质，并进行消毒。为补充养分，在制备基质时应掺入必要的营养元素，如磷酸二铵、硫酸钾或氮磷钾复合肥，以保证幼苗健康生长。

（4）基质可放于培养池中或平铺于地面10～12cm厚。移栽前先把基质浸透或浇透，按照行距4～5cm、株距3cm左右开沟，把幼苗栽入，而后要轻压苗的基部，使得苗根部与基质接触，然后用塑料薄膜把培养池覆盖起来，保持湿度，7～10d后，等苗成活后去掉薄膜，进行正常的管理。温室的温度不可超过25℃，否则易烂苗。

（5）脱毒苗成活后，根据苗情加强管理，每隔1～2d喷浇一次小水，先期或者苗弱时可以浇营养液。若苗徒长，可以喷5～6mg/kg的矮壮素。60d左右即可收获1次小薯。小薯来自无毒苗，是最高级别的种薯，成为原原种。

（二）切段扦插生产原原种

目前，生产原原种最经济有效的方法是用脱毒苗在温室或网室中切段扦插，它具有快速、低耗、简单、易操作等优点。该方法是把脱毒苗从试管繁殖改在防虫温室或网室中进行，不需要大量的三角瓶，也不再需要大面积的培养室，同时也不再需要培养基。具体方法如下：

把经过炼苗的脱毒试管苗移栽到防虫温室或网室中，所用基质为 1 ∶ 1 的草炭和蛭石，与试管苗移栽时相同，也加入营养液。等苗长到 7～8 节时，按每 2 节为一段剪下，苗基部留一节和一片叶子，使母株在剪切后继续生长。切断后要放入生根剂溶液中浸泡 15min，而后再进行扦插。扦插前，基质要浸湿，切段的一节插入基质，一节留在空气中。要注意的是切下的顶部茎段要和其他节段分开，分别扦插于不同的培养箱中。因为顶部生长快，与其他节段混在一起时生长不整齐，从而影响到下一次剪苗期。每平方米扦插 700～800 株，扦插后轻压苗的基部，用农膜覆盖保湿。室温不超过 25℃，在剪苗后对母苗施加营养液，促进生长。

一般试管苗移栽后，每 25～30d 即可进行切段扦插繁殖一次，母株剪切 2 次后即 60 天左右就可以收获小薯。如果有 20 瓶苗，即 100 个基础苗做母株，按每株平均每次剪切 3 个节段，每段含 2 个节，在 9 月中旬开始扦插，到第二年 5 月中旬为止，每个脱毒苗可以连续繁殖 8 次，100 个苗可繁殖 196 万株，剪切 2 次可繁殖 260 万株，每株至少可结薯 2 粒，共可生产小薯 525 万粒。每 667m^2 种植原原种 1 万株，可种植 525 亩地块，每亩收获 1 500kg，可以收获一级原种 780 000kg，这样就可以种植二级原种 6 000 亩。但这只是理想的繁殖系数，实际生产一般达不到此标准。

（三）诱导试管薯生产法

在具备生产试管薯的条件下，一年四季均可生产原原种。尤其是在两季作区，夏季高温在 30℃以上，这时不适宜试管苗的移栽和切段扦插，但可以把试管苗的培养转到室内生产试管薯，这就是在试管内通过改变培养基和培养条件来诱导试管薯的繁殖方法。产生的试管薯是与试管苗质量相同的无毒薯，并且代替试管苗的移栽过程，提高了产量。

实践证明，试管苗越健壮，产生的试管薯也就越大。因为在暗培养时，植株不能进行光合作用，试管苗本身的养分将会影响到块茎的合成。一般用液体培养基进行培养，常用 MS 培养基加 0.5mg/L 的 6-BA、0.4mg/L 的 GA_3、2％的蔗糖、0.15％的活性炭，不加琼脂，用滤纸做介质。温度为 20～25℃，光照 16h，光强为 2 000lx。

培养 4 周后换上诱导培养基转入暗培养。诱导培养基是 MS 加矮壮素 500mg/L、6-BA 5mg/L、活性炭 0.5％、蔗糖 8％，不加琼脂。可以选择生长箱、有空调的暗室或者用黑薄膜隔间来进行培养，温度保持在 18～20℃，最有利的条件是变温处理，即白天 25℃、夜间 20℃，16h 黑暗。一般 5d 后就有试管薯出现，60d 后即可收获。用 250mL 的三角瓶放 4～5 个茎段，每瓶可以收获 3～60 个微型薯。试管薯的一般直径为 5～6mm，小的为 3mm，大的有 7～8mm，平均块重为 60～90mg，小的为 40～50mg，大的达 150mg 以上。早熟品种微型试管薯的休眠期比大田生产的长 4～5d。

采用以上方法获得的脱毒原原种是不能直接用于大田生产的。脱毒原原种成本太高，每千克约需 100 元，且生产能力也不够高，只为正常种的 50％～70％，因此，脱毒原原种还需经过3～4代的继代扩繁，才能用于生产。

思考与练习

1. 简述马铃薯茎尖培养脱毒的原理。
2. 简述马铃薯茎尖分生组织培养时外植体的选择和消毒程序。
3. 简述马铃薯茎尖剥离的程序。
4. 马铃薯茎尖培养的方法有哪两种？
5. 马铃薯茎尖培养的发生途径有哪些？
6. 简述马铃薯脱毒苗的保存方法。
7. 简述马铃薯脱毒原原种的生产方法。

项目八　马铃薯花药和花粉的组织培养

知识目标

1. 了解花药和花粉培养的概念；
2. 了解花药和花粉培养的优缺点。

技能目标

掌握花药和花粉培养的基本方法和技术。

任务一　花药和花粉培养概述

1972年，Irikura和Sakagachi通过花药培养从产块茎的野生马铃薯中得到单倍体植株，其根尖细胞具有12条染色体。1973年，Dunwell和Sunderland从马铃薯栽培品种的花粉培养中得到胚状体。这为马铃薯花药和花粉培养奠定了良好的基础。

一、马铃薯的花器结构

植物的花器官是种子植物的有性繁殖器官，一朵完整的花包括六个基本部分，即花梗、花托、花萼、花冠、雄蕊群和雌蕊群。雄蕊是花的雄性生殖器官，由具花粉囊(小孢子囊)的花药着生于一个细的花丝上构成。花药是花丝顶端膨大呈囊状的部分，包括体细胞性质的药壁和药隔组织，以及雄性性细胞的花粉粒，按染色体的倍性来看，前者为二倍体细胞，后者为单倍体细胞。花药是雄蕊产生花粉的主要部分，内含有大量花粉，花粉是由花粉母细胞经过减数分裂形成的，其染色体只有体细胞的一半，所以叫做单倍体细胞。

马铃薯的花序是分支型的聚伞花序，每个花序有2～5个分枝，每个分枝上有4～8朵花，每朵花由花柄、花托、花萼、花冠、5枚雄蕊和1枚雌蕊组成。花柄基部有离层，花易脱落；花萼连合成筒状，顶端5裂；花冠合瓣呈星轮状；雄蕊花丝短而花药长且直立，环抱花柱；成熟后的花药由粉囊顶开裂而散粉。柱头通常呈绿色乳头状，子房2室，内含多个胚珠。有些品种的花梗分枝缩短而形成简单的伞形花序(图8-1)。

马铃薯的栽培品种都属自花授粉作物，为同源四倍体，其单倍体是双单倍体，有2×12条染色体。但二倍体野生种多半自交不亲和，其单倍体的染色体是12条。

二、花药和花粉培养的概念

花药和花粉培养是一种组织培养技术，指在生长条件下，从幼年的供体植株中取出花药，通过培养使它离开正常的发育途径(即形成成熟花粉，最后产生精子的途径)，不经过受

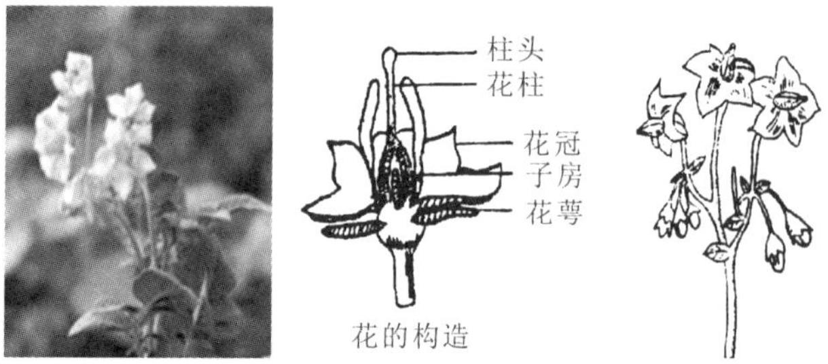

图 8-1　马铃薯花序及花结构图

精而发生细胞分裂，最终分化成一个完整植株的过程，所获得的植株叫单倍体植株。这是目前获得单倍体植株的主要方法，因此在单倍体育种中有着广泛的应用。一般所说的单倍体可以分为两大类：一类是一倍体，即二倍体物种产生的单倍体；另一类是多单倍体，即多倍体物种产生的单倍体。栽培马铃薯品种是四倍体，因此，其产生的单倍体实质是双单倍体，获得的单倍体经染色体加倍而成为正常结实二倍体植株。所以前者属于真正的纯系，这和常规多代自交纯化方法相比，可节省大量的时间和劳力。同时，花药和花粉培养是研究减数分裂，花粉生长机制的生理、生化、遗传等基础理论的最好方法。

马铃薯的花药与花粉培养从培养对象上看不是一回事，花药培养属于器官培养，花粉培养属于细胞培养，但两者的目的都是诱导花粉细胞发育成单倍体细胞，最后发育成单倍体植株，再经染色体加倍而成为正常结实的二倍体植株。

花药离体培养是指把发育到一定阶段的花药接种到培养基上，来改变花药内花粉粒的发育程序，使其分裂形成细胞团，进而分化成胚状体，形成愈伤组织，由愈伤组织再分化成植株。花粉离体培养是指把花粉从花药中分离出来，以单个花粉粒作为外植体进行离体培养的技术。由于花粉已是单倍体细胞，诱发它经愈伤组织或胚状体发育而成的植株都是单倍体，且不受花药的药隔、药壁、花丝等体细胞的干扰。

三、花药和花粉培养的优缺点

从培养过程来看，花药离体培养相对较容易，技术比较成熟，但最后需要对培养成的植株进行染色体倍数检测，一般是离体培养花粉处于单核时期（小孢子）的花药。由于花粉发育时期和花蕾的某些外部形态特征（如花冠筒长度和花冠露出花萼的时间等）之间的大致的相关性，因此可以利用这些外部标志来选择大致处于所需要时期的花蕾。但在实验中必须由每个花蕾取出一个花药，通过镜检确定花粉发育的准确时期。花药离体培养得到的植株不一定是单倍体，其原因主要是花药的结构和培育过程。按染色体的倍性来看，花药的药壁和药隔组织是二倍体细胞，花粉粒才是单倍体细胞。在离体培养过程中，花药愈伤组织的多倍化、核融合、花药壁和花丝等二倍体体细胞参与愈伤组织的形成、愈伤组织染色体的变化等因素，导致培养中有非单倍体植株出现。那些起源于花药壁、药隔或花丝细胞的植株，其染色体倍数应与提供花药的植株一样，可能是二倍体。

花粉离体培养尽管不受花药壁、药隔等二倍体细胞的干扰，但这种特殊单倍体细胞的培养技术难度较大，目前只在少数植物上获得成功。

四、影响花药和花粉培养的因素

培养材料对花药和花粉培养的成功起着重要作用。花粉发育时期是影响培养效果的重要因素。不同物种的花粉最适发育期不同，对多数植物来说，单核中晚期的花粉最容易形成花粉植株。另外，花药供体植株的生长条件对花药培养的影响也是很大的，一般主茎上的花粉易于培养成功。

培养基是花药和花粉培养中影响花粉启动和再分化的重要条件。我国科学工作者研制出适于花粉培养的 N_6 培养基，该培养基含铵离子浓度较低。随后，有的实验室继续降低铵盐和硝酸盐浓度，同时附加生物素，研制出了 C_{17} 和 W_{14} 培养基。通常在培养基中加生长素来提高花粉愈伤组织的形成率，愈伤组织形成后转入到分化培养基中，分化培养基通常除去生长素，添加细胞分裂素，如 6-BA 等。培养基中糖的种类和浓度、铁盐及活性炭等成分也不同程度地影响着花粉的诱导。一般说来，高浓度的蔗糖可以抑制体细胞的生长，而对花粉的生长无妨碍。铁盐的含量低于 40μmol/L 时花粉停止诱导。活性炭的添加有利于愈伤组织的形成。目前，还广泛添加一些生物活性物质，如马铃薯提取液、椰乳等进行花药培养，效果较好。

培养温度也是影响花药培养的一个重要因素。较高的温度虽有利于提高花粉愈伤组织的诱导频率，但愈伤组织分化白苗的频率也提高了。实践表明变温培养的效果较好。

五、花药和花粉培养的意义

花药培养的方法是通过花粉粒直接培养出单倍体植株。该方法具有技术简单、诱导容易和诱导频率高等优点，许多栽培物种都用这种方法获得了单倍体植株。取得的花粉植株是单倍体，为了快速得到可育的二倍体，通常采用人工措施来提高加倍频率，如使用秋水仙素处理植株使得染色体加倍，采取浸泡试管苗、浸泡根等方法来处理。单倍体植株经过加倍获得的二倍体在遗传上是纯合子，其子交后代无性状分离，一般两年即可得到纯合的雄性后代，从而大大缩短育种年限。马铃薯普通栽培品种为同源四倍体，其遗传分离复杂。通过花药和花粉培养可以在短期内获得纯合的四倍体，能使得隐性基因得以表达，从而提高选择效率。单倍体容易与二倍体野生种杂交而有效利用野生种资源。另外，通过获得的单倍体纯系间杂交或与 $2n$ 配子材料杂交，可获得性状整齐一致的后代，为选育不分离的实生种子提供优良亲本。马铃薯花药和花粉培养技术在马铃薯的遗传育种研究中具有重要的理论和实践意义。

任务二　花药和花粉培养的过程

马铃薯花药培养一般可分为三个步骤，即制备培养基、接种花药和培养三个步骤。培养的具体过程为：①把花粉发育到一定阶段的花药，通过无菌操作技术，接种在人工培养基上进行离体培养；②花粉在培养基所提供的特定条件下可以发生多次分裂，形成类似胚胎的构造（胚状体）或愈伤组织；③诱导愈伤组织分化出芽和根，最后长成植株。

（一）外植体的选取时期

在花药培养过程中，取材时期对于花药培养成功与否有着决定性的作用。根据其他作物和马铃薯花药培养的报道，一般花粉发育时期处在单核晚期时培养效果最好。有研究表明马铃薯在现蕾初期，蕾与花药的生长均有一个固定关系，一般花药比蕾短1～1.5mm。成熟花药的大小是恒定的，达到恒定大小后，蕾继续增大直至开花，而花药不再增长。当蕾长至 4～5mm 时，大部分花粉处在单核期，选取此时的花药进行培养效果最好(图 8-2)。

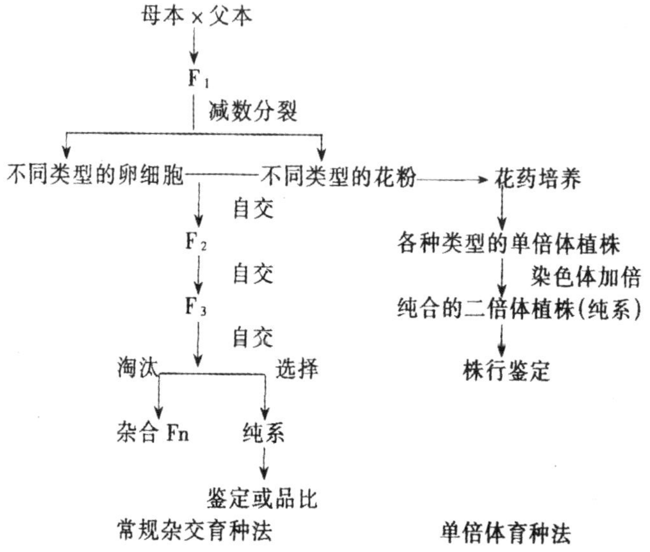

图 8-2　自花传粉作物常规杂交育种和单倍体育种程序比较

(二)培养基

我国学者在马铃薯花药培养方面已取得许多成就。如戴朝曦等在 1982 年就以四倍体普通栽培品种为材料，用 MS 附加 2mg/L NAA、1mg/L 2,4-D、0.5mg/L KT、0.3%活性炭和 5%的马铃薯块茎提取液的培养基培养单核期的花药，成功获得了愈伤组织、胚状体和胚性细胞。1985 年，朱明凯等发现以胚状体诱导成苗比愈伤组织诱导成苗的成苗率高，从愈伤组织分化出的苗有混倍体($2n=28$、32)、双单倍体($2n=24$)、四倍体($4n=48$)，而从胚状体诱导成的苗均为双单倍体。在马铃薯花药培养中，低湿预处理、高温前处理、培养基中添加 50～100μmol/L 的 $AgNO_3$ 均可提高花药培养再生植株的频率。我国马铃薯花药培养的研究多是由普通四倍体栽培品种诱导产生双单倍体植株。也有一些利用双单倍体和二倍体野生种诱导产生一倍体。2001 年，张峰等研究选出普遍适合马铃薯花粉萌发的液体培养基：10%蔗糖＋0.02%$CaCl_2$＋0.02%H_3BO_3＋0.02%$MgSO_4\cdot 7H_2O$＋0.01%KNO_3，在此培养基上花粉的最高萌发率达 78.1%。在培养基中加入 0.4%的 NaCl 能显著提高萌发速度，但并无促进萌发的作用，5～7 d 的低温预处理能显著提高花粉萌发率和萌发的同步性。

(三)具体步骤

将选定的外植体进行常规消毒后，在超净工作台内剥去萼片，取出花冠，放入 10%漂白粉溶液中消毒 10min，换无菌水洗一次。在取花药之前用 70%酒精将手擦洗两遍。取花药时左手持花柄，右手用镊子取出花药，放在无菌培养皿中，待花药有一定数目时，用接种环将它们接种到培养基上。培养 5d 后，花药逐渐变为黑褐色，20d 左右花药裂开，从中长出淡黄色的花粉愈伤组织，以后先形成芽，后长出根，形成幼苗。必须注意整个操作过程中不应使花药受到损伤。若受到损伤，则应淘汰。因为损伤常常会刺激花粉壁形成二倍体的愈伤组织。花药培养的条件一般是光照(12～18h，5 000～10 000lx，28°C)和黑暗(12～16h，22°C)周期交替进行。当培养的小苗长到一定大小时，应调节温度、湿度及光照等条件，使幼苗得到锻炼并逐步适应自然的环境条件，然后从试管中移出，种植于土壤中，进行一般的栽培和管理。

(四)培养途径

由花粉长成单倍体一般有两条途径：①由花粉分裂形成愈伤组织(即分化程度很低的薄壁细胞团)，再由愈伤组织分化出根和芽，最后形成植株。②由花粉分裂形成胚状体(不是由合子发育成的胚叫胚状体)，再由胚状体长成植株。当瓶中花药内长出的小苗达到一定大小时，应调节温度、温度及光照等条件，使幼苗得到锻炼并逐步适应自然的环境条件，然后从试管中移出，种植于土壤中，进行一般的栽培和管理。

思考与练习

1. 马铃薯的花器结构是怎样的？
2. 简述马铃薯花药的组成和结构。
3. 马铃薯花药培养和花粉培养有何异同？各自有哪些优缺点？
4. 马铃薯花药培养的最佳取材时期是何时？为什么？
5. 简述马铃薯花药培养的一般程序。
6. 影响马铃薯花粉培养的因素有哪些？

项目九　马铃薯细胞培养

知识目标

1. 了解细胞培养的理论知识；
2. 了解细胞培养的方法和发展前景。

技能目标

掌握细胞培养的一般程序和必要的理论知识。

任务一　马铃薯单细胞的分离

自 1902 年 G. Haberlandt 提出分离单个细胞并把它培养成植株的设想以来，随着组织培养技术的发展，已在细胞培养领域取得了巨大进展。人们不仅能够分离和培养游离的细胞，还能使高等植物的单个细胞在离体培养条件下，通过诱发细胞分裂形成细胞团，再分化成完整的植株，并建立了细胞培养的多种专门技术。

要从完整的植物器官中直接分离单细胞，通常采用机械法和酶解法。用机械法分离叶肉细胞是先把叶片轻轻研碎，然后通过过滤和离心来净化细胞。该方法的优点是细胞不会受到酶的伤害，不需要质壁分离；缺点是容易伤害细胞结构，获得完整细胞团或者细胞数量极低。酶解法分离细胞是利用果胶酶、纤维素酶处理，分离出有代谢活性的细胞。该法不仅能降解中胶层，还能软化细胞壁，需要给细胞渗透压保护。

任务二　马铃薯单细胞的培养

一、单细胞培养方法

在单细胞培养中常用的基本方法有看护培养、微室培养和平板培养。

（一）看护培养

看护培养是指用一块活跃生长的愈伤组织来看护单个细胞，并使其生长和增殖的方法。这个愈伤组织称为看护愈伤组织。具体方法如下：先把琼脂培养液加到小三角瓶中使成 1cm 厚，高压灭菌后备用；取处于活跃生长期的约 1cm 大小的愈伤组织块；在无菌条件下，用镊子夹住愈伤组织块，安放在三角瓶中的固定培养基上的中央部位，并在愈伤组织上放一片约 8cm 见方的无菌滤纸片，置于培养室过夜；用微型移液管或微型刮刀从悬浮培养物或疏松的愈伤组织上分离出单个细胞，接种在三角瓶中的滤纸上，置保温和恒温的培养箱中培养；当这个培养的单细胞长出细胞团后，再转移到琼脂培养基上。

一般情况下，约一个月单细胞则分裂成为肉眼可见的愈伤组织小块，待2～3个月后即可从滤纸上直接把细胞接种到液体培养基上，得到单细胞无性系。该方法最大的优点是简单易行，效果较好，易于成功。但其缺点是不能在显微镜下直接观察细胞的生长，因此必须保证接种材料是真正的单细胞。

（二）微室培养

微室培养是利用人工制备的微室来培养单细胞的方法。首先要制备用于单细胞培养的微室，即用酒精灯灼烧洗净的盖玻片和载薄片，冷却后，从悬浮培养物中取出一滴含单细胞的培养液，置于载玻片上，在培养液的四周隔一定距离涂上一圈石蜡油，然后在其两侧各加一滴石蜡油并分别放置一块盖玻片，再用一块盖玻片架在前两块盖玻片之间，这样一滴含有单细胞的培养液就被放于微室中了。需要注意的是微室的厚度，包括载玻片的厚度为1mm，盖玻片的厚度为0.17～0.18mm，微室的厚度最好不要超过20μm。带培养物的微室培养按要求放培养室中进行培养，一般要求温度为26～28℃。等到细胞团长大到一定程度时，将其转移到新鲜培养基中。

该方法可以在显微镜下对细胞培养过程连续进行观察，能清楚地观察到一个活细胞的生长、分裂、分化及形成细胞团的过程，甚至还可以观察到线粒体的变化。

（三）平板培养

平板培养是把单个细胞与融化的琼脂培养基均匀混合，并平铺一薄层在培养皿底上的培养方法。将含有游离单细胞的悬浮培养物过滤，除去组织块和大的细胞团，将液体培养基加入0.6%～1%的琼脂，使其融化，冷却到35℃时，将培养基与上述细胞悬浮液等量或以1∶2或1∶4的比例混合，迅速注入培养皿并使之铺展，厚1～3mm；或者为了提高植板率而采用配制条件培养基的方法来制平板，即先把已进行一段时间亲本细胞培养的培养基通过离心沉淀细胞，取其上清液一份与热的加琼脂的培养基充分混合，再与细胞悬浮液混合后制平板。在35℃时培养基能保持在液体状态，并不会杀死细胞。用封口膜严封培养皿，置于25℃黑暗中培养21d。在低倍显微镜下观察并计算每只培养皿中出现的细胞团的数目，由此计算植板率。植板率是指已经形成细胞团的单细胞数与接种总细胞数的百分数。公式为：

植板率＝每个平板中形成的细胞团数/每个平板接种的细胞数×100%

一般悬浮培养液的植板密度要达到最终要求植板密度的2倍，平板培养产物的植板密度要求为1×10^3～1×10^5个，悬浮培养液的植板密度应该为2×10^3～2×10^5个，过高或过低都不利于培养。因此，在培养前必须对悬浮培养液进行细胞计数，若实际测得的悬浮培养液的植板密度高于此值，就添加培养基稀释；若实际测得的悬浮培养液的植板密度低于此值，就通过离心使细胞下沉后，吸出一定量的上清液，使其达到所要求的密度。

二、马铃薯单细胞培养

以马铃薯栽培品种的无菌苗、子叶以及已建立的细胞悬浮培养系为材料，分别用酶解法和过滤细胞悬浮培养系的物理方法研究马铃薯单细胞分离技术。酶解时果胶酶浓度为0.20%～0.25%，解离4h获得的单细胞产量最高，且单细胞分裂频率可达16%以上；另外，酶解愈伤组织分离单细胞，比酶解子叶和叶片的效果更好。而在用细胞悬浮培养物进行单细胞分离研究时，发现瓶壁法是一种最好的细胞悬浮液继代方法，可直接获得90%的单细胞频率，且细胞形状圆、胞质浓厚。采用过滤法分离单细胞，可得到98%的单细胞频率。三层细胞筛过滤法可有效提高所得单细胞的植板率。过滤细胞悬浮培养物的物理操作方法获得的单细胞比酶解法获得的单细胞的分裂能力更强。

三、影响单细胞培养的因子

初始植板密度和培养基的成分是单细胞培养成败的关键因子，两者互相依赖。单细胞培养要求植板的细胞有一个标准临界密度才能促进细胞分裂和发育，低于此临界密度，细胞不能进行分裂和形成细胞团。植板密度不是一成不变的，随培养基而变，培养基成分越复杂、营养成分越丰富，植板密度的临界密度越低；反之，植板密度的临界密度就越高。

在选择细胞时，注意要选用胚性细胞或分裂细胞，不要选择静止期细胞，同时要注意混合的融化琼脂培养基温度不能超过35℃。在单细胞培养中补充生长物质是非常重要的，另外适当调整培养基的pH值也有利于降低起始悬浮液的密度。培养瓶中的CO_2的浓度适当提高可促进细胞的分裂，但高于2%时又会抑制细胞生长，而且黑暗或弱光条件有利于单细胞的培养。

利用生长过愈伤组织或悬浮细胞的液体培养基来培养单细胞，有利于单细胞的分裂和生长，主要是由于愈伤组织或单细胞在生长过程中向培养基中释放了能促进细胞分裂的一些特殊代谢物，使这种培养基的营养更加丰富，从而有利于单细胞进行生长和分裂。这种生长过悬浮细胞的液体培养基称为条件培养基。一种植物的条件培养基可以诱导另一种植物的细胞分裂，说明诱导不同植物细胞进行分裂所需的内源代谢物的水平和种类可能相同。因而当某种植物细胞培养遇到困难时，可以向培养基中加入该植物的汁液，会取得良好的效果。

任务三　马铃薯细胞的悬浮培养

细胞悬浮培养是将离体保持良好分散状态的单个细胞或小细胞团置于液体培养基中，放置在摇床上进行培养的方法。细胞悬浮培养这项技术是从愈伤组织的液体培养发展起来的一种新的组织培养技术，目前已发展到全自动控制的大容积发酵罐的大规模工业生产。

一、细胞悬浮培养的类型

按细胞培养过程一般将细胞悬浮培养分为成批培养和连续培养两种类型。

（一）成批培养

成批培养是指在固定培养基体积的容器系统中进行的培养。

1.成批培养的特点

成批培养由于细胞培养在固定体积的培养基上，细胞增长会发生规律性的变化，即由培养初期的延缓期发生的较慢生长到中期对数生长期的快速生长，再到减慢期的减慢生长，最后在静止期细胞停止生长，直至开始死亡。成批培养的细胞若要进行下一批培养，必须另外进行继代培养，具体方法是：用注射器吸取一定量的含单细胞或小细胞团的悬浮培养液，转移到含新鲜培养基的培养瓶中继续进行培养。

2. 成批培养的分类

成批培养根据培养基在容器中的运动方式可以分为四种方法：一是旋转培养法，即培养瓶呈 360°的缓慢旋转移动，使细胞培养物保持均匀分布和保证空气供应，转速一般为 1～5r/min。二是往返振荡培养，即机器带动培养瓶在一条直线上往返振荡。三是旋转振荡培养，即机器带动培养瓶在平面上作旋转振荡，40～120 次/min。四是搅动培养，即利用搅棒的不断转动搅拌培养基。

（二）连续培养

连续培养是指在培养过程中不断抽取培养物并注入等量的新鲜培养基，使培养物不断得到养分补充，保持其恒定体积的培养。

1. 连续培养的特点

该方法由于不断加入新鲜培养基，保证了养分的供应，不会发生营养不足的现象，可以使培养的细胞保持在对数生长期快速生长，适于大规模工业化生产。

2. 连续培养的分类

（1）半连续培养：指每隔一定时间倒出一定量的悬浮液，并同时补充加入等量的新鲜培养基，这相当于成批培养时频繁进行再培养。半连续培养能重复取得大量、均一的培养细胞，供生物研究之用。

（2）连续培养：有封闭式和开放式连续培养之分。封闭式连续培养是指用等量的新鲜培养基换出老培养基，并把排出的细胞收集后再放入系统中继续培养，所以系统中的细胞数目不断增加。开放式连续培养是指在连续培养期间，新鲜培养基的注入速度等于细胞悬浮液的排出速度，细胞也随之一起排出，当细胞生长到稳定状态时，系统中增加的细胞数等于流出的细胞数，因而培养系统中的细胞密度保持恒定。

3. 连续培养的方法

（1）浊度恒定法：这是根据悬浮液浊度的提高来加入新鲜培养基的开放式连续培养。可以选定一种细胞密度，用浊度恒定法来控制细胞密度，当系统中的细胞密度超过限度时，超出的细胞就随排出液一起自动排出，从而保持密度恒定。此法的灵敏度较高。

（2）化学恒定法：这是按照某一固定速度，随培养基一起加入对细胞生长起限制作用的营养物质，使得细胞增殖速率和细胞密度保持恒定的一种开放式连续培养。通过限制营养物质的浓度来控制细胞增殖速率，而细胞生长速率是与细胞特殊代谢产物有关的，通过研究这一关系可以生产出更高产量的细胞代谢物。

二、马铃薯细胞悬浮培养的方法

选用马铃薯细胞进行悬浮培养的具体方法是：先用自来水冲洗完整无损的马铃薯块茎，然后用 75％的酒精擦洗一遍进行消毒，接着在超净工作台上进行无菌操作，即用解剖刀将块茎的表层削去，切成小块（约 5mm×5mm），使每一小块都带有形成层，然后接种到诱导愈伤组织的培养基（MS＋2,4-D 2mg/L＋CH 500mg/L＋琼脂 0.5％）上进行培养，得到愈伤组织后，将愈伤组织剥下，在相同的培养基上进行继代培养以扩大繁殖。通过培养基成分的变化可以调节形成愈伤组织的速度，改变愈伤组织的结构。一般培养基的盐分、生长素及水解酪蛋白的浓度较高时有利于形成松散的愈伤组织。诱导得到较松散的愈伤组织后将其转移到不加琼脂的液体培养基中，置于 4r/min 的摇床上培养，通过振荡对细胞团施加一种缓释的压力，使其破碎成小细胞团或单细胞，均匀分布在培养基中，以利于气体交换。

在马铃薯试管苗愈伤组织的悬浮细胞培养中，每 45～50mL 培养基中加入 2g 愈伤组织，20d 苗龄的试管苗诱导效果最好；固体培养愈伤组织继代 4～5 次时最适于进行悬浮培养；良好的细胞悬浮培养物为浅绿色、清纯透明的液体，有数个到 10 多个细胞组成细胞团。

三、马铃薯细胞悬浮培养的条件

细胞培养必须满足一定的条件、采用正确的方法才能获得成功。

(一)培养材料

马铃薯细胞培养成功的关键是悬浮细胞系要生长旺盛，具有分化能力。在进行细胞悬浮培养之前要选用生长快、有效成分高、适合悬浮培养的细胞株。筛选细胞株的方法是：从愈伤组织中挑选外观疏松、生长快的浅色愈伤组织，用振荡或酶法游离出单个细胞或小细胞团，接种在培养基上培养两周，挑选出生长快的细胞株继代培养，取各细胞系的培养物进行有效成分的测定，筛选出有效成分高而且生长快的细胞株。

马铃薯幼嫩组织是建立悬浮培养的优良外植体，将诱导出的愈伤组织用镊子夹碎后置于液体培养基中，120r/min、(24±2)℃、黑暗下，每 5d 继代一次可以建立良好的悬浮细胞系。添加 2mg/L 2,4-D 和 0.4mg/L BAP 的激素可有效地提高愈伤组织的分散性和生长速度。细胞悬浮培养物每 5d 继代一次，新旧培养基体积比以 3∶1 为宜。

(二)培养条件

培养基成分与细胞培养的生物量和有用物质含量的提高都有密切关系。主要是根据培养细胞的种类选择适当的碳源、氮源以及其他添加物。生长物质是细胞培养必不可少的物质，其浓度对培养产物有明显的影响。

光照对不同植物的细胞生长和有用物质的生产具有不同的影响作用。

氧的浓度与细胞培养过程中植株的再生方式有关。当液体培养基中的氧浓度低于临界水平时有利于形成胚状体，而氧浓度高于临界水平时有利于根的形成。

四、马铃薯细胞悬浮培养的特性及意义

植物细胞培养具有不同于微生物培养的特性，植物细胞较微生物细胞大得多，有纤维素细胞壁，细胞耐拉、不耐扭，抵抗剪切力的能力差，因为有细胞壁的存在，培养细胞产物滞留于细胞内，产量较低；培养过程中细胞生长速度缓慢，易受微生物污染，需用抗生素；细胞生长的中期及对数期易凝聚为直径达 350～400mm 的团块，悬浮培养较难；培养时需供氧，培养液黏度大，具有群体效应；细胞培养过程有结构与功能全能性，因而易分化，从而导致目的产物浓度低于原植物体内浓度；悬浮培养中要求有一定的细胞浓度(25 000～50 000 个/mL)，否则不生长。

马铃薯细胞悬浮培养可以为突变体筛选、无性系变异、原生质体的分离和培养、遗传转化、次生代谢物生产、种植资源库的建立、人工种子的制备等多项研究提供良好的实验系统。

五、细胞悬浮培养的应用

细胞悬浮培养不仅对组织培养、植物育种的研究有着重要的理论和实际意义，而且培养细胞的代谢产物中有些是对人类非常有用的，其中有一些是人工不能合成的。

(一)生产有用物质

在植物细胞培养研究中发现，不同植物的细胞培养可以产生不同的代谢产物，如一些药用成分、饮料色素、香精、生物碱、甾醇、酶等，有的可作为食品添加剂和名贵化妆品的原料，有些是生物毒素的主要来源，可以用于杀虫、杀菌，而对环境和人畜无害，是理想的环保产品。例如从栀子中提取果酸，果酸含有大量的维生素，如维生素C、柠檬酸等，主要用作食品的调味剂，化妆行业用于制作护肤品和洗发香波等，美容院用作换肤液。

大规模的细胞培养可以生产这些有用物质，使大田生产走向工厂化生产。规模化细胞培养是生产植物次生产物的理想途径，有利于保护生态环境，提高生产效率，发展新型生物技术产业。

(二)食品生产

用培养细胞来生产一些营养价值很高的产物，作为常规食品的辅助成分。如果要用细胞培养来生产食物，必须先提高细胞的生长速度，否则因经济效率低而失去应用价值。

(三)诱导和筛选突变体

在细胞培养过程中会产生一些突变体，常采用不同的营养缺陷型培养基或不同的培养条件选择突变体。也就是采用一个不适合正常细胞生长但又不能使其致死的培养条件，细胞经过一段时间的缓慢生长后，细胞群中一些发生了变异并能适应这种不适宜正常细胞生长条件的细胞就能大量快速生长，随后把这些细胞群培养在使正常细胞致死的培养基上，这样正常的细胞就会死亡，而突变体能继续生长，从而把突变体筛选出来。

(四)用于原生质体培养和细胞器的分离

利用细胞悬浮培养可以对细胞的原生质体进行分离，然后在适宜的培养基上培养生成完整的植株，也可以对原生质体的生理特性进行观察研究，或对细胞器、细胞膜及多种成分进行分离。

思考与练习

1. 简述马铃薯单细胞的分离方法。
2. 马铃薯单细胞培养有几种方法?
3. 影响马铃薯单细胞培养的因素有哪些?
4. 细胞悬浮培养的类型有哪些?
5. 简述马铃薯细胞悬浮培养的过程。
6. 细胞悬浮培养需要什么条件?
7. 细胞悬浮培养有哪些方面的应用?

项目十　马铃薯原生质体培养和体细胞杂交

知识目标

1. 了解马铃薯原生质体分离、培养的基本理论和方法；
2. 掌握马铃薯体细胞杂交的原理和方法。

技能目标

掌握马铃薯原生质体分离、培养，体细胞杂交的方法和技术。

原生质体是去除细胞壁的裸露植物细胞。Klereker 在 1892 年首先用利刃对细胞进行机械切割而获得原生质体，但数量很少，效率较低。1960 年，英国植物生理学家 Cocking 首先用真菌培养物中的纤维素酶来降解番茄幼苗的根细胞壁，分离原生质体获得成功。至今，人们已能够从植物体的几乎每一部分分离到原生质体。

任务一　马铃薯原生质体培养

马铃薯原生质体的培养始于 1973 年，1977 年获得成功，经过 40 多年的发展，已建立了分离和培养原生质体的较完善的方法。原生质体是细胞融合和杂交的基础、基因转移的理想受体、体细胞变异的重要来源、许多基础研究的理想实验体系、种子资源保存的新途径。

一、马铃薯原生质体的分离与纯化

马铃薯原生质体分离、培养和植株再生都必须在无菌条件下进行。

（一）外植体的选择

一般来说，植物各个器官，如根、茎、叶、花、果实、种子及愈伤细胞和悬浮细胞等都可作为分离原生质体的材料。但是，要获得高质量的原生质体，则须选用生长旺盛、生命力强的组织作材料。细胞悬浮培养物是最常采用的分离原生质体的材料。而叶肉细胞是分离原生质体最好的细胞材料。

马铃薯试管苗叶片、实生种子子叶和下胚轴都是获得马铃薯原生质体的常用供体材料。但要注意实生种子具杂合性，不能保持原品种特性。另外，花粉是原生质体的一种特殊体系，因为花粉具有单倍体和原生质体双重优点。

对原生质体材料进行预处理是将材料放置于合适浓度的稳压液中使细胞质壁分离以提高原生质体的分离频率；也可以逐步提高植物材料的渗透压，以适应培养基中的高渗环境。这些处理包括暗处理、预培养、低温处理等。

(二)原生质体的分离

常用的分离方法有机械法(利刃机械切割)和酶解法,但目前普遍采用酶解法来获得原生质体。具体分离步骤如下:

1. 材料预处理

在3 000lx连续光照、(25±2)℃下培养的无菌实生苗子叶和下胚轴,或在3 000～4 000lx的16h光照、18～20℃下培养3周的试管苗叶片(上部3～4片),分离的原生质体的产量和质量都好。

2. 原生质体分离

酶处理目前常用的多是"一步法",即把一定量的纤维素酶、果胶酶和半纤维素酶组成混合酶液,材料在其中处理一次即可得到分离的原生质体。首先要制作混合酶液(纤维素酶2%和果胶酶0.5%)并加入甘露醇0.1mg/mL、$CaCl_2$ 2.0mg/mol,pH值为5.6;然后取叶片、子叶、下胚轴等材料进行常规表面消毒后,在无菌条件下剥去外表皮,在直径为9cm的培养皿中剪成1mm左右的节段或小片;再加入10mL混合酶液,25℃全黑暗条件下酶解14～16h,时间太长不利于原生质体的活性,一般要短于24h;或在材料中加入酶液后(0.5g组织加6mL酶液),在小抽滤瓶(20mL)中真空抽滤5～10min,直到组织中无气泡排出为止;然后置于直径为6cm的培养皿中,在40r/min振荡、(28±0.5)℃、200lx弱光下解离17～21h,可产生游离的原生质体。

(三)原生质体的纯化与收集

酶解处理后得到的混合液包括原生质体、细胞团、组织碎片等,必须把杂质和酶液除去,才可以继续培养。收集和纯化的方法有离心沉淀法、漂浮法、接口法三种。其中最常用的是离心沉淀法,即采用过滤和离心相结合的方法。其大致步骤如下:先把原生质体溶液用400目尼龙网筛过滤,除去较大组织;再将滤液用离心机(500～1 000r/min)离心5～6min,收集原生质体沉淀;吸去上清液,用蔗糖或甘露醇配制的洗涤液(不含酶液)重新悬浮原生质体沉淀,再离心沉淀,如此重复洗涤2～3次。为了纯化出有活力的原生质体,可将沉淀悬浮于少量清洗培养基,置于含有蔗糖溶液(21%)的上部,在100r/min下离心5～10min后,在蔗糖溶液和原生质体悬浮培养基的界面上会出现一个纯净的原生质体带,小心将此带吸出后,再反复洗涤2次;最后用原生质体培养液清洗1次,即可收集到纯化的原生质体。

收集到的原生质体还需要进行活性测定。测定原生质体活性有多种方法,如观察胞质环流、活性染料染色、荧光素双醋酸酯(FDA)染色等。这些方法各有特点,但现在一般采用的是FDA染色法。

二、马铃薯原生质体的培养

当原生质体再生出细胞壁后就恢复第一次分裂,具有再生能力的原生质体就会不断分裂,形成多细胞团。当细胞团进一步发育就成为肉眼可见的愈伤组织,及时转移到分化培养基中进行诱导分化培养,最后形成完整的再生植株。

(一)原生质体的培养方法

原生质体的培养方法大体和细胞的培养方法相同,有固体培养、液体培养及固液结合培养等。在原生质体培养及其植株再生的不同阶段中使用不同的基本培养基和激素。

1. 固体培养

该法是将悬浮在液体中的原生质体悬液与热融(37°C 左右)的含琼脂的培养基或琼脂糖等量混合,使琼脂的最终浓度为 0.6%左右,冷却后原生质体包埋在琼脂培养基中。这种方法的优点是原生质体被机械地彼此分开并固定了位置,避免了细胞间有害代谢产物的影响并便于定点观察,追踪单个细胞的发育过程;缺点是琼脂熔点较高,琼脂对原生质体是有毒害的。

2. 液体培养

将含有原生质体的培养液在培养皿底部铺一薄层。这是目前较常用的一种方法,优点是操作简便,对原生质体的伤害较小,便于添加培养基和转移培养物;缺点是原生质体在培养基中分布不均匀,容易造成局部密度过高或原生质互相粘连而影响进一步的生长发育,并且难以定点观察。

3. 固液结合培养

最简便的固液结合培养方法是在培养皿的底部先铺一薄层含凝胶剂的固体培养基,再在其上进行原生质体的液体浅层培养。这样,固体培养基中的营养成分可以慢慢地向液体中释放,以补充培养物对营养的消耗,培养物所产生的一些有害物质也会被固体部分吸收,对培养物的生长更有利。

(二)原生质体的培养过程

首先,用原生质体培养液调整原生质体密度,将 3mL 液体置于直径为 6cm 的培养皿中,浅层静置培养(300lx)或暗培养、(25±2)℃,48h 可观察到第一次细胞分裂,1 个月左右形成 1mm 左右肉眼可见的愈伤组织。然后将愈伤组织转移至含固体培养基的直径为 6cm 的培养皿中,在 1 000lx 连续光照、(25±2)℃下培养 1 个月。将愈伤组织转移至分化培养基中,在 2 000lx 连续光照下诱导芽分化。待芽长至 1cm 时切下,转入生根培养基,促使完整小植株形成。

三、影响原生质体培养及植株再生的因素

影响原生质体培养及植株再生的因素包括所选外植体和培养条件两个方面,在培养过程中主要注意选择最适的培养条件以保证获得原生质体成功培养。

原生质体培养基一般是加以改变的细胞培养基,如原生质体培养经常使用的 KM-P 培养基就是以 B_5 培养基为基础。对原生质体培养来讲,蔗糖不如葡萄糖。用葡萄糖代替甘露醇,可提高原生质体的植板率。在大量元素中,对原生质体培养效果影响最大的是 Ca^{2+} 和 NH^{4+}。研究表明:多胺类物质对原生质体发育有一定的促进作用。有些学者认为:在培养基中添加一些天然有机物质对原生质体的生长有利,如酵母提取物、椰乳等。激素对原生质体的生长发育是非常重要的。但不同的植物种对激素的种类和浓度有很不同的要求。但总的来说,生长素和细胞分裂素是必需的,并需要二者的适当搭配。原生质体培养基的 pH 值一般为 5.6～5.8,pH 值除了直接影响原生质体及再生细胞的生理活动外,还能影响外源生长素是否对培养物产生毒害。在原生质体培养基中,原生质体的密度对分裂的影响很大,适宜密度为 10^4～10^5 个/mL。在烟草叶原生质体培养中,密度低于 10^3 个/mL 时,细胞只能分裂一两次,且能持续进行下去;密度在 10^4 个/mL 以上时,植板率常显著提高。低密度条件原生质体不能生长的原因,可能在于细胞代谢产物扩散到培养基中去,而影响细胞内的浓度。如在培养基中添加若干代谢中间产物,低密度的原生质体的培养基可以促进原生质体

的生长。

任务二 马铃薯体细胞杂交

植物体细胞杂交是指将植物不同种、属，甚至科间的原生质体通过人工方法诱导融合，然后进行离体培养，使其再生杂种植株的技术。植物细胞具有细胞壁，未脱壁的两个细胞是很难融合的，植物细胞只有在脱去细胞壁成为原生质体后才能融合，所以植物的细胞融合也称为原生质体融合。原生质体融合包括膜融合和质融合两个过程。

一、细胞融合的方法

根据原生质体是否同源，原生质体的融合方式可分为自发融合和诱导融合两种。在酶解细胞壁过程中，有些原生质体能彼此融合形成同核体，这叫做“自发融合”，这是由于不同细胞的胞间连丝扩展和粘连造成的。在体细胞杂交中，彼此融合的原生质体应来源不同，因此，自发融合是无意义的。我们需要的是不同种的细胞融合，一定要用物理或化学的方法来诱导，这种融合就称为诱导融合。目前常用的融合方法有：

(一)物理方法

主要采用电融合的方法。这是 20 世纪 70 年代末 80 年代初开始发展起来的一项融合技术。电融合仪中有一个融合室，把有一定密度的原生质体悬浮液置于其中，融合室两端装有电极，在不均匀交变电场的作用下，使原生质体彼此靠近、接触，排成一条链，再给予一个点脉冲，使原生质膜发生可逆性电击穿，从而导致融合。

(二)化学方法

化学方法的优点是操作方便，不需要价格昂贵的仪器。

$NaNO_3$ 处理：以低渗 $NaNO_3$ 溶液作为融合剂，可使原生质体融合。Carbon(1972)用这种方法获得了世界上第一个体细胞杂种——粉蓝烟草和朗氏烟草体细胞杂种。这种方法的缺点是异核体形成频率不高。

高 pH-高钙处理方法：1973 年 Kefier 和 Melehers 发现用强碱(pH＝10.5)和高钙离子(50mmol/L $CaCl_2 \cdot 2H_2O$)溶液在 37℃下处理原生质体，两个品系的烟草叶肉原生质体容易彼此融合。这种方法的优点是杂种产量高，但高 pH 值可能对细胞是有毒的。

聚乙二醇(PEG)处理方法：采用 PEG 作为融合剂时，异核体形成的频率高，可重复性强，而且对大多数细胞来说毒性低。高国楠等(1974)提出的 PEG 法是先把两种分离出来的选定植物的原生质体以适当比例混合，用 28%～58%的 PEG 溶液处理 15～30min，然后用培养基逐步清洗原生质体。这一方法得到广泛应用。后来他们发现如果采用 PEG 法和高 pH-高钙法相结合，效果会更好。具体是用含有高浓度钙离子(50mmol/L $CaCl_2 \cdot 2H_2O$)的强碱性溶液(pH≈9～10)清洗原生质体，比用培养基清洗能产生更高的融合频率。

二、细胞融合的程序

细胞融合主要有以下几个程序：

(一)两种亲本的原生质体分离

原生质体的分离方法见任务一。双子叶植物中不论是从外植体还是培养细胞分离的原生质体，都是细胞融合的良好材料。单子叶植物中往往用胚性细胞进行融合，因为禾本科植物叶肉原生质体往往不能分裂。细胞融合要求新鲜的原生质体，因为分离纯化后的原生质体 5～6h 就开始长壁，有的则更快。

（二）原生质体融合

原生质体的融合过程包括三个主要阶段，即两个或多个原生质体的质膜彼此靠近；局部区域质膜紧密粘连，彼此融合；融合完成，形成球形的异核体或同核体。供体-受体式细胞融合被广泛采用，包括非对称杂交和细胞质杂交两种方式。前者是一方亲本的细胞核和细胞质与另一方亲本的少量核物质（1～2 条染色体）和全部细胞质融合；后者是一方亲本的细胞核和细胞质及另一方亲本的全部细胞质融合，这样，有可能使两种来源不同的核外遗传成分（细胞器）与一个特定的核基因组结合在一起，这种杂种叫细胞质杂种。

（三）异核体或杂种细胞的选择

体细胞杂交结果的可靠性检验非常重要，关键环节就是选择异核体（融合不久的产物，此时两个亲本原生质体的质膜和细胞质已融合，但细胞核尚未融合）和杂种细胞。一般常用的方法有两种：

1. 互补选择法

融合后的细胞要进行两次不同培养条件的培养。第一次培养条件适合于甲亲本而不适合于乙亲本。经过一段时间后，能够生存下来的是：①未经融合的甲亲本；②甲甲融合的产物；③有甲亲本基因存在的甲乙融合产物。然后转入第二个培养条件，此条件只适合乙亲本原生质体生长，甲原生质体死亡。两次培养之后，能存活下来的只有具甲乙亲本基因并得到互补的杂种细胞。采用这种方法的前提是要求有某些缺失体、某些营养缺陷型、抗某些因子的亲本。

2. 机械分离法

采用机械分离法的前提是：①融合前两个亲本有可分辨的明显标记。例如一个亲本是来自愈伤组织的原生质体，不具备叶绿体，而另一个亲本来自叶肉细胞，有叶绿体。②要有特殊的培养皿来培养异核体，这种培养皿有营养丰富的培养基，可使单个原生质体或异核体在培养基中再生壁和分裂。但这两个前提都不容易达到。获得的杂种细胞及再生原生质体的培养方法可参照原生质体的培养方法。

三、杂种植株鉴定

再生后的杂种细胞或杂种植株的鉴定，是确证细胞是否来自两个亲本的杂种的重要环节。杂种植株的鉴定有很多方法，下面介绍两种常用方法。

（一）形态学鉴定

这种传统的方法是鉴定杂种最准确的方法。因为要在形态上表现出杂种性，就必须有内部的大量基因的协调活动，而且基因的活动必须已和细胞的活动取得了协调。体细胞杂种植株的一个突出特点是，在不同的杂种植株中，各种性状都可以产生很大的区别。许多形态学上的特征是介于两者之间的。因此可从株高、叶片的形状、花的形态和颜色、花梗和表皮毛状体的长短、分蘖、芒、结实率等形态特征进行比较观察。从已有的大量报道来看，在种间的体细胞杂种中，这些特性或多或少处于融合亲本双方的中间；而在属间的体细胞杂种中，这些性状的变化就复杂得多，更多地是偏于亲本的一方。

（二）细胞学观察

染色体数目、大小与形态的变化在物种形成与进化中起着重要作用，各种植物的染色体是相对稳定的，因此，应用染色体计数方法、核型分析和显带技术可以鉴定，如体细胞杂种是否为所期望的异源四倍体（双二倍体），格蓝氏烟草（$2n=24$）与普通烟草（$2n=48$）的杂种染色体数目（$2n=72$）。另外，染色体形态上也具有两亲的特点。又如，$2n=24$ 的格蓝氏烟草有多对大染色体和一对中部着丝点染色体；普通烟草是小染色体，有 9 对中部着丝点染色体。在它们的体细胞杂种中则不但有小染色体，也有大染色体，另外共有 10 对中部着丝点染色体。但在大多数体细胞杂种的不同细胞中，常常还发生多种非整倍体细胞，还有染色体消除现象等。

随着分子生物学的发展，目前常用的还有其他更为精确的方法，如同工酶分析、DNA 内切图谱分析等。

四、原生质体融合的意义

细胞通过原生质体融合，可部分克服有性杂交不亲和性，而获得体细胞杂种，从而创造新种或育成优良品种，这是组织培养应用最诱人的一个方面，目前已获得 40 余个种间、属间，甚至科间的体细胞杂种、愈伤组织，有些还进而分化成苗。目前，采用原生质体融合技术已经能从不杂交的植物中（如番茄和马铃薯、烟草和龙葵、芥菜等）获得属间杂种，但这些杂种尚无实际应用价值。随着原生质体融合、选择、培养技术的不断成熟和发展，今后可望获得更多有一定应用价值的经济作物体细胞杂种及新品种。

思考与练习

1. 原生质体作为遗传饰变和生理生化研究的材料有何特点？
2. 简述酶法分离原生质体的原理和步骤。
3. 如何纯化分离植物原生质体并鉴定其活力？
4. 与其他组织和细胞培养相比，原生质体培养有何特点？
5. 原生质体融合有哪几种主要方法？
6. 原生质体分离的方法有哪些？
7. 原生质体培养的方法有哪些？
8. 影响原生质体培养的因素有哪些？

项目十一　马铃薯人工种子

知识目标

了解植物人工种子的概念与发展概况。

技能目标

1. 掌握马铃薯人工种子繁殖体的培养技术；
2. 了解不同繁殖体的人工种子特点与制备方法。

任务一　人工种子概述

一、人工种子的概念

人工种子的概念最早是由 Murashige(1978)提出的，是指通过组织培养技术，将植物的体细胞诱导成在形态上和生理上均与合子胚相似的体细胞胚，然后将它包埋于有一定营养成分和保护功能的介质中，组成便于播种的类似种子的单位，又称合成种子或体细胞种子。

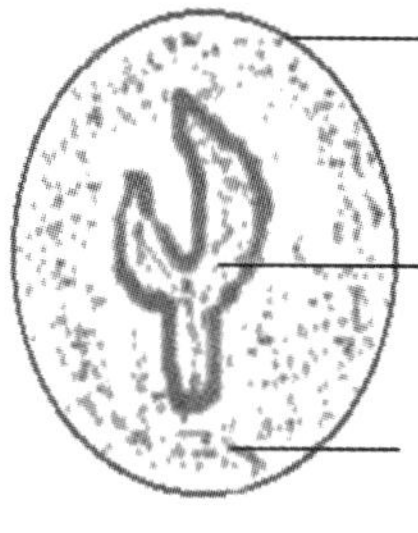

图 11-1　人工种子模式图

完整的人工种子包括三个部分：胚状体、人工胚乳、人工种皮。首先应该具备一个发育良好的体细胞胚(即具有能够发育成完整植株能力的胚)；为了使胚能够存在并发芽，需要有人工胚乳，内含胚状体健康发芽时所需的营养成分、防病虫物质、植物激素；还需要能起保护作用以保护水分不致丧失和防止外部物理冲击的人工种皮。通过人工的方法把以上三个部分组装起来，便创造出一种与天然种子相类似的结构——人工种子(图 11-1)。植物人工种子技术主要包括体细胞胚的诱导与同步化、包埋方法、人工种皮制备、干化、贮藏及防腐等。人工种子具有可工厂化大规模制备、贮藏和迅速推广优良种质资源等优点，应用前景十分广阔。

二、人工种子的类型

人工种子根据包被的需要程度可分为三类：

第一类是裸露的或休眠的繁殖体，如可以适当干燥的体细胞胚(如鸭毛草的体细胞胚)、休眠的微鳞茎和微块茎等，它们在不加包被的情况下也具有较高的成株率。

第二类为人工种皮包被的繁殖体。一些体细胞胚、原球茎等虽不能过度干燥，但只需人工种皮包被即可维持良好的发芽状态，如胡萝卜体细胞胚。

第三类是水凝胶包埋再包被人工种皮的繁殖体。大多数体细胞胚、不定芽、茎尖等均需要先包埋在半液态凝胶中，再经人工种皮包裹才能避免失水，从而维持良好的发芽能力。

三、人工种子的优点

与试管苗技术和自然有性繁殖种子相比，人工种子具有以下突出的，甚至是不可取代的优点：其一，在无性繁殖植物中，有可能建立一种高效、快速的繁殖方法，它既能保持原有品种的种性，又可以使之具有实生苗的复壮效应；其二，可以对优异杂种种子不通过有性制种而快速获得大量种子，特别是对于那些制种困难的植物更具有重要的实用意义；其三，对于一些不能正常产生种子的特殊植物材料，如三倍体、非整倍体、基因工程植物等，有可能通过人工种子在短期内加大繁殖应用；其四，与田间制种相比，可以节省制种用地，且不受季节限制，可以实现工厂化生产，同时还避免了种子携带病原菌的危险；其五，与利用试管苗相比，可以避免移栽困难，且可以实现机械化操作，同时还便于储藏和运输。因此，人工种子技术受到许多国家的重视，我国已将人工种子的研究列入了863高新技术发展计划。

四、人工种子的应用前景

人工种子技术适用于难以保存的种质资源、遗传性状不稳定或育性不佳的珍稀林木的繁殖；人工种子可以克服营养繁殖造成的病毒积累，可以快速繁殖脱毒苗。因此，人工种子在快速繁殖苗木和人工造林方面具有很大的应用前景。现在，我国处于经济高速发展时期，需要有大量的优良苗木种子供应，而我国现有的林木种子供应远远不能满足社会需求。人工种子可以工厂化地提供绿化种子，解决种子供应量不足的矛盾。人工种子技术的不断成熟、完善，必将给我国的园林绿化带来革命性的变化。

五、人工种子技术存在的主要问题

尽管目前人工种子技术的实验室研究工作已取得较大进展，并且已在繁殖遗传工程植物，减数分裂不稳定植物、稀有及珍贵植物的过程中显示出超常的优势，但从总体来看，目前的人工种子还远不能像天然种子那样方便、实用和稳定。主要障碍在于人工种子的质量和成本：①许多重要的植物目前还不能靠组织培养快速产生大量的、出苗整齐一致的、高质量的胚状体或不定芽；人工种子的质量达不到植物正常生长、运输和贮藏的要求；人工种子的制种和播种技术尚需进一步研究。②目前多数人工种子的成本仍然高于试管苗和天然种子。虽然一些研究机构已经建立起大规模自动化生产线，能够生产出高质量、大小一致、发育同步的人工种子，但是它的成本仍高于天然种子。以苜蓿为例，目前生产1粒人工种子所需成本是0.026美分，而1粒天然苜蓿种子的成本是0.0006美分，二者相差40多倍。因此，人工种子要真正进入商业市场并与自然种子竞争，必须降低生产成本。由于人工种子是由组织培养产生的，需要一定时间才能很好地适应外界环境，因此人工种子在播种到长成自养植株之前的管理也非常重要，在推广之前必须经过农业试验，并对栽培技术及农艺性状进行研究。由此可见，人工种子要想成为种植业的主导繁殖体，目前仍相当困难。

任务二　制备人工种子的技术要求

人工种子制备包括胚状体的诱导与同步化、人工种子的包埋、人工胚乳的制作、人工种皮的制作、人工种子的贮藏等步骤。作为种子使用的繁殖体，首先必须要有较高程度的一致性。这种一致性除了遗传学上的一致性外，还包括生理上的一致性。

一、胚状体的诱导与同步化

生产高质量的胚状体是制作人工种子的关键。从目前的研究结果来看，并不是所有的植物种子都开发出了胚状体培养发生技术。不同植物的体细胞的培养亦有难易。在生产人工种子时，要求胚状体具有可观的成株率，甚至超过天然种子的成株率。

胚状体的诱导：胚状体可从悬浮培养的单细胞得到，也可通过试管培养的愈伤组织、花粉或胚囊获得。胚状体一般在培养物的表面产生，其形状与合子胚类似，但胚状体却是无性繁殖的产物。实际操作中，一般在试管中诱导出愈伤组织，并在含生长素的培养液中悬浮培养，然后置于含生长素的发酵罐中，使细胞迅速扩增，再将细胞移入无生长素的发酵罐中诱导出大量胚状体。

胚状体同步化处理或分选：胚状体的同步化是指促使所有培养的细胞或发育中的细胞团块进入同一个分裂时期。只有同步化了，细胞才可能成批地产出成熟胚胎。化学方法：①饥饿法——将培养基中的一些重要成分反复去除和添加；②阻断法——在培养初期加入DNA合成抑制剂，如5-氨基脲嘧啶，阻断细胞分裂的G_1期。物理方法包括低温处理法、过滤筛选法、渗透压分离法、密度梯度离心法(体胚不同的发育阶段密度有差异)。等到胚状体胎成熟以后，就可以进行人工种子的包埋了。其中过滤筛选法较实用、快速。体细胞胚的诱导和形成需要经过至少两个阶段：第一阶段，在高生长素浓度的培养基中诱导培养胚性细胞；第二阶段，在较低生长素浓度或无生长素的培养基中形成体细胞胚。微芽一般只需一个培养程序，但有时为了增加繁殖体的数量，也需进行一定次数的继代。微型变态器官需要经过不同的诱导程序。

二、人工种子的包埋

人工种子的包埋关系到人工种子萌发、贮藏和生产应用等重要环节。Redenbaugh于1984年首次筛选出透水性好的海藻酸钠作为胚状体和不定芽的包埋剂。包埋方法主要有将胚状体或小植株悬浮在一种黏滞的流体胶中直接播入土壤的液胶包埋法；将体细胞胚经干燥后用聚氧乙烯等聚合物进行包埋的干燥包裹法；以及通过离子交换或温度突变形成凝胶包裹材料的水凝胶法，Redenbaugh等用此法包裹单个苜蓿体细胞胚制成了人工种子，离体成株率达86%。组合包埋法以及流体播种、液胶包埋、琼脂、铝胶囊等新颖包埋法也开始被应用，George等用硅胶包埋谷子体细胞胚，萌发率达82%，且4℃贮藏14d后仍能自行裂开、顺利萌发。

胚状体包裹要求做到：首先，不影响胚状体萌发，并提供其萌发与成苗所需的养分和能量，即起到胚乳的作用；其次，使胚状体经得起生产、贮存、运输及种植过程中的碰撞，并利于播种，即起到种皮的保护作用；最后，针对植物种类和土壤等条件，满足对人工种子的特殊需要。

目前研究中的人工种子普遍采用水凝胶法，以海藻酸钙作为包埋剂，它具有对胚状体无毒害作用、价格低廉等优点。但由于海藻酸钙对水溶剂有很好的通透性，使得包埋其中的营养物质、激素、抗生素等（即人工胚乳成分）容易渗透出来，造成营养泄漏；另外，由于没有真正意义上的“人工种皮”的包裹保护，一些病原微生物容易侵入胚状体，对种子造成破坏，因而目前绝大多数人工种子都只能在无菌条件下才能达到较高的萌发率。

三、人工胚乳的制作

为了满足包裹要求，要有针对性地在包裹剂中加入大量养分、无机盐、有机碳源、植物生长调节剂，以及抗生素和有益菌类。选用无毒、透气性和吸水性强的木薯淀粉与1.5%海藻酸钠（1/2 MS培养基配制）混合制作的胚乳，可改善单一海藻酸钠人工胚乳的透气性、吸水性和发芽率。在人工胚乳中加入GA_3有利于人工种子的发芽；加入$CaCl_2$有利于向培养物供氧，提高人工种子的发芽率和耐贮藏性；加入活性炭可改善营养固定和缓释，提高人工种子在土壤中的成苗率。

四、人工种皮的制作

人工种皮既要求允许内外气体交换畅通，以保持胚状体的活力，又要能防止水分及营养成分的渗漏和起保护作用。一般采取双层种皮结构，内种皮的通透性较高，外种皮硬，通透性低，起保护作用。现已筛选出海藻酸钠、明胶、果胶酸钠、琼脂、树胶等作为内种皮应用。某些纤维素衍生物与海藻酸钠制成复合改性的包埋基质可明显改善人工种皮的透气性。在海藻酸钠中加入多糖、树胶等可减慢凝胶的脱水速度，提高干化体细胞胚的活力。外层种皮可选用半疏水性聚合膜，以降低海藻酸钙的亲水性，对人工胚乳起固定作用。另外，可在膜上添加毒性小的防腐剂或溶菌酶，以防止微生物的侵入。美国杜邦公司生产的由乙烯、乙酸和丙烯酸三种物质聚合的Elvax材料是目前认为较好的一种人工种皮材料。人们仍在积极寻找其他的包埋方式和包埋材料，以完善现有人工种皮的制作技术。

五、人工种子的贮藏

贮藏是人工种子的主要难点之一，目前应用的有低温法、干燥法、抑制法、液体石蜡法等及上述方法的组合。干燥法和低温法组合是目前应用最多的，胡萝卜愈伤组织在15℃、相对湿度25%的条件下存放一年仍可再生。大豆体胚干化到原体积的40%～50%后再吸水，萌发率仍达到31%。干化增强人工种子幼苗的活力，可能与其超氧化物酶和过氧化物酶的活性显著提高，从而减轻低温贮藏对体胚的伤害有关。通过电镜观察和电导值与脱氢酶的比较，发现干化有助于体胚贮藏期间细胞结构、膜系统的保持和酶活性的提高，使体胚具有更好的耐贮性。富含胡萝卜体胚的悬浮培养液包埋于水溶性塑料薄膜内，形成的胶囊在26℃干化4d后再吸水萌发仍可获得植株。高浓度的蔗糖、脯氨酸和ABA预处理体胚能提高干化耐受性，这可能与ABA等抑制体胚过早萌发、促进干物质积累有关。近年，液氮冻存体胚及包裹体胚的报道也越来越多。

防腐是人工种子贮藏和大面积田间应用的关键技术之一。Castillo制得的人工种子虽有较高的萌发率，但未能在有菌条件下成苗，其主要原因是人工种子易感染病菌而腐烂。在甘薯人工种皮中加400～500mg/L的先锋霉素、多菌灵、安苄青霉素或羟基苯酸丙酯，均有不同程度的抑菌作用，萌发率可提高4%～10%。

任务三　马铃薯人工种子的制备方法

马铃薯人工种子的概念及生产方法还是一个新课题，但由于有其他植物的成功例子，马铃薯的人工种子技术研究也是可行的。马铃薯易于组织培养，马铃薯人工种子试验成功具有其他作物所不具备的特殊意义。近年来，中国科学家在无病毒马铃薯种薯生产上研究与推广的繁种技术，虽然解决了马铃薯的退化问题，无病毒马铃薯种薯可以使产量增加30%以上，产生了巨大的经济效益和社会效益，但是要获得真正无病毒种薯，对技术水平和生产条件的要求较高，且须经过复杂的程序，严格的管理，成本高，生产的数量少，所以无毒种薯推广的面积有限。人工种子可以彻底解决这一问题。中国是世界上马铃薯种植面积最大的国家，如果用种了播种则可节约耕地。人工种子成本低，在一般的组培室都可以生产，可大量免去高山繁种的人力、物力、地力的消耗。

用微型薯作为材料制造人工种子，可以克服用体细胞胚制作人工种子的一些缺点。微型薯诱导容易、筛选方便、萌发率高。因此，用微型薯制成的人工种子具有应用于生产的更大的实际可能性。

胚状体诱导以无病毒马铃薯试管苗的叶圆片为好，取材方便，无病毒，易操作。首先需诱导其脱分化，使本来有极性的细胞分裂而丧失极性，产生一定结构的细胞团。在此基础上再诱导其分化，使含有的基因能顺利表达、表现其全能性，长出完整的植株。也可以直接包埋试管苗的小茎段胚状体诱导，所用的培养基为蔗糖、琼脂，所用的激素为生长素、细胞分裂素、赤霉素。包埋剂为：2%氯化钙，2%～6%海藻酸钠，附加植物激素，以诱导其成芽。包埋剂经常规高压灭菌，15Pa下处理20min。包埋时先将茎段或胚状体混合于经灭菌后的海藻酸钠溶液内，然后用吸管将茎段分别吸起，并注入2%的氯化钙溶液中，待包埋的圆球形成、白色透明时掏起，放入无菌水中洗10～20min，然后再掏起，直接播种于消毒或不消毒的土壤中。

人工种子真正用于实际还有待做大量的研究试验，一旦成功后，将使生产种子的成本大大降低，会产生无可估量的经济效益和社会效益。

思考与练习

1. 简述人工种子的概念和类型。
2. 人工种子对繁殖体有什么特殊要求？
3. 目前人工种子生产中需要研究解决的主要技术问题是什么？
4. 目前人工种子最适于在哪些方面应用？
5. 简述马铃薯人工种子的制备方法。

项目十二 马铃薯种质资源的离体保存

知识目标

掌握种子资源离体保存的概念及常用方法的原理和技术路线。

技能目标

掌握马铃薯种子资源保存的方法。

种质资源又称遗传资源，习惯上也叫品种资源。它包括栽培、野生及人工创造的粮食作物、经济作物、园艺作物的品种或品系。现代农业的发展，使一两个高产品种代替了多样的、低产的和适应当地条件的品种，这些品种或农家种可能不适应目前的农业需要，也可能因为科学水平所限，人们还没有发现它们的用途。但是，这些品种资源一旦丢失，将永远无法找回。为此，从 20 世纪 50 年代开始，在世界范围内开始了植物种质资源的收集和保存工作。

任务一 种质资源保存概述

种质资源保存，是利用天然或人工创造的适宜环境保存种质资源，使个体中含有的遗传物质保持其遗传完整性，有高的活力，能通过繁殖将其遗传特性传递下去。要保存足够的群体，减少繁殖过程中的遗传漂移，使繁殖前后保持最大的遗传相似性。在贮藏过程中，要求表现最低程度的遗传变异。

种质资源保存大致分为原地保存和异地保存两种方式。原地保存指在自然生态环境下就地保存，自我繁殖种质资源。野生种一般通过这种方式保存，它可保存稀有濒危的生物资源，并保护了不同类型的生态系统。这种保存方式主要通过建立自然保护区和天然公园来实现。世界上第一个自然保护区是 1872 年美国建立的黄石公园。近些年来各国相继建立了自然保护区，这是维系野生植物种质资源的第一哨卡。异地保存是将种子、植物体保存于该植物原产地以外的地方，主要形式有植物园、种质圃、种子库、组织培养物的试管保存(以下简称离体保存)等。在传统上，种质是以种子的形式保存的。这是因为种子所占空间小，并能保存很多年，而且种子容易干燥和包装，便于运到引种中心和基因库。但是，种子在储藏过程中随着时间的延长，其生活力会逐渐下降，并常受到病虫害的侵袭；加之种子是一个杂合体，在繁殖中会因性状分离而导致遗传的不稳定。此外，对于许多营养繁殖的作物(如甘薯、马铃薯等)以及含水量高的种子(如洋葱、芹菜和结球甘蓝等作物)也不适用。这些作物的种子在脱水后即死亡，因此也难以用种子进行繁殖。而在苗圃或田间大量保存各种基因型，成本高，并且易受天灾的打击。于是，人们将种质资源保存的目光集中在了离体保存上。

离体保存是将单细胞、原生质体、愈伤组织、悬浮细胞、体细胞胚、试管苗等植物组织培养物，储存在使其抑制生长或无生长的条件下，以达到保存植物种质的方法。这种保存方法具有省时、省地、省力，不受自然生态因素的影响，便于国际植物资源交换等优点。

任务二　种质资源的保存方法

常用的离体保存主要有低温保存和超低温保存两种方式。

一、低温保存

低温保存是在低于正常培养温度下保存植物组织培养物的技术，它是植物生长发育的有关理论与组织培养技术相结合的产物。该方法常结合改变培养基成分、控制光照等措施，以减缓保存材料的生长速度，延长继代时间。这种方法简单易行，需要设备少，投资小，技术成熟，可以作为植物种质资源的中长期保存方法。在进行植物种质低温保存时，需注意保存材料的选择和保存条件的控制，并要勤于管理。低温保存的基本特征是保存材料的定期继代培养，不断繁殖更新。而种质保存的根本目的在于最大限度地保持材料的遗传稳定性。因此，在进行低温保存时，要选用遗传上稳定的外植体作为起始培养材料，以尽可能地减少遗传变异的机会。一些培养物，如原生质体、愈伤组织、悬浮细胞等，容易发生体细胞变异，不能达到保存种质的目的。而具有器官分化能力的体细胞胚和植物茎尖分生组织，能够保持发育的完整性，在遗传上也较稳定，适于用做低温保存的起始材料。同时，要注意控制保存材料所处的温度和光照。在一定温度范围内，材料的寿命随保存温度的降低而延长，但要注意各种植物对低温忍受程度的差异。一般的，5～10℃适宜保存温带起源植物的试管苗，15～18℃可用于热带植物试管苗的保存。除了温度的控制之外，适当缩短光照时间，降低光照强度，也能减缓材料的生长速度，延长保存时间。但此时要注意防止光照过弱，使材料生长纤细，造成弱苗，以免保存的后期材料不能维持自身生长，这样会不利于材料的低温保存。

目前，在低温保存实践中，人们开始利用有些植物在低温下对黑暗有较大忍受力的特性，在更低的温度下结合黑暗环境来保存材料。比如，我们将魔芋和石斛的试管苗保存在4℃的冰箱中，分别保存6个月和12个月，材料在保存后能全部存活。魔芋试管苗在保存后能够快速恢复生长，形成完整植株。在进行低温保存时，延缓保存材料生长速度的另一项措施是改变培养基的成分，在其中添加脱落酸、矮壮素和甘露醇等生长延缓剂和渗透剂。这在马铃薯、甘薯等植物的低温保存中都取得了良好的效果。但是在选择这些试剂时，首先要考虑它对材料遗传稳定性的影响。很多研究表明，在培养基中加入较低含量的甘露醇可以明显提高材料的存活率，而对其遗传特性无影响。因此，甘露醇是低温保存中最常用的渗透剂之一。种质库要定期检查，保持清洁，及时清除污染材料，并注意积累资料。

二、超低温保存

超低温保存也叫冷冻保存，一般以液态氮(－196℃)为冷源，使保存温度维持在－196℃。生物材料在如此低温下，新陈代谢活动基本停止，处于“生机停顿”状态。由于生物材料处于相当稳定的生物学状态，故不可能产生遗传变异。因此，一旦冷冻程序建立，长期保存是有可能的。超低温保存在1949年就成功地应用于动物细胞的保存。用此法保存植物材料的研究，自 20 世纪 70 年代以来已有较大的进展，目前已有不少成功的例子。它的应用前景十分乐观。

从植株再生的难易和遗传的稳定性考虑，单细胞并不是理想的材料，而茎尖和幼胚等则较为适合。这些材料除遗传稳定，再生能力强之外，解冻后易于成活和种植，对冷冻和解冻过程中所产生的胁迫的忍受能力也强。

三、冷冻保存后的活力检测

检测冷冻保存后的细胞和器官活力的最基本方法是再培养法。在重新培养过程中，要观测组织细胞的复活程度、存活率、生长速度，组织块的大小和重量的变化，以及分化产生植株的能力和各种遗传性状的表达。其中，测定存活率是这项工作的一个重要环节。存活率的计算公式如下：

存活率＝重新生长细胞（或器官）数目/解冻的细胞（或器官）数目×100％

四、冷冻保存的应用前景

种质资源保存的根本目的是保持遗传基因的稳定及其所控制的遗传性状不发生改变。已有的研究结果表明，利用超低温保存法保存种质可以达到这一目标。冷冻保存法具有广泛的应用前景，主要表现在：可以长期保持种质的遗传稳定性；保持稀有珍贵及濒危植物的种质资源；保持不稳定的培养物；保持培养细胞形态发生的能力；防止种质衰老；延长花粉寿命，解决不同开花期和异地植物杂交上的困难；解冻过程可能起着离体筛选作用，将那些生命力强、抗逆性强的细胞系选择出来，再生植株可能成为抗逆（如抗寒）的新品种；便于国际种质资源交换。

任务三　我国马铃薯种质资源的保存方法

一、田间种质库保存

过去，我国马铃薯一直采用“春种、秋收、冬窖藏”的方法保存，大多采用传统的无性块茎年复一年地播种收获来保存种质资源。但是，马铃薯为无性繁殖作物，繁殖器官体积大，含水量高，贮藏过程中易发芽，需年年田间种植，并且为大株行距作物，占用土地面积大，田间保存既费工又不能保证其质量和数量，不仅需要大量的人力、物力和财力，而且常受自然灾害和各种病虫害的侵袭。许多优良老品种和野生种无法继续保存使用，失去了食用、种用和杂交亲本的使用价值。科学技术的不断发展，特别是马铃薯茎尖脱毒技术的引用，为马铃薯研究和生产开辟了新途径。

二、离体保存

20 世纪 80 年代以来，人们利用茎尖脱毒、组织培养技术逐渐把资源转育成试管苗保存。采用组织培养技术建立无菌试管苗保存马铃薯种质具有许多优点，免去了大田种植保存的费工、费时以及危险性，贮藏空间小，繁殖系数高，并且便于提供原种、地区间发放和国际交流。

离体保存可分为一般保存和延缓生长保存。一般保存马铃薯试管苗采用MS固体培养基，温度为20～22℃，光照为2 000lx、16h，每3～6个月继代培养一次。延缓生长保存是调节培养环境，在MS培养基中添加适量甘露醇、矮壮素等，同时降低保存温度，可以通过抑制保存马铃薯试管苗的生长和减少营养消耗来延长继代培养的时间。

马铃薯微型薯的诱导成功为马铃薯种质资源保存开辟了另一条新的途径。微型薯在一般条件下可保存2年，在低温条件下可延长至4～5年。而且还可用砂土保存法保存马铃薯微型薯或原原种，可达1年以上。

近几十年来，各国科学家致力于离体保存技术的研究和利用。我国在这方面也取得了一定进展，建成2座国家试管苗种质库，保存甘薯1 400份（江苏徐州）、马铃薯900份（黑龙江克山）。试验证明，在MS培养基中添加3mg/L脱落酸（ABA）和4%甘露醇，存放550d的试管苗的存活率可达36%，再加上用塑料薄膜封口代替棉塞，可使试管苗继代保存期延长到1～1.5年转移一次。还有试验证明，应用降低培养温度（3～5℃）、提高培养基渗透压（90g/L蔗糖，7%甘露醇）、改善透气状况、添加植物生长调节剂（15mg/L ABA，13mg/L青鲜素）、添加抗菌剂（100mg/L庆大霉素）、抽气减压、补充光照等综合措施保存马铃薯试管苗，两年后的存活率为80%～90%，部分到3年仍富有生命力。

三、超低温保存

中国农科院作物品种资源研究所选用粮食、蔬菜、花卉和药材等21份材料的种子，将其贮藏在－196℃的液态氮中，然后解冻至常温，测定发芽情况后在田间种植，表现发芽力正常。

花粉包含了植株的各种基因类型，是种质资源保存和交换的主要材料。花粉超低温保存在种质资源的保存中越来越占据重要地位。研究影响马铃薯花粉超低温保存效果的因素，结果表明：冷冻前干燥处理18h的花粉，保存后的生活力优于干燥处理12h和24h的花粉；用0℃（12h）→ －10℃（12h）→ －20℃（12h）的逐步降温预冻处理，可大幅度提高在液态氮中冰冻保存花粉的活力；保存后的花粉用－20℃（12h）→ 4℃（12h）→ 25℃（12h）逐步解冻的效果最好，35～40℃直接解冻的效果优于（25±2）℃直接解冻；超低温保存对花粉萌发表现出某些促进作用。

以马铃薯栽培品种甘农薯1号的试管苗为材料，研究茎尖超低温保存技术，结果表明：预培养3～4d，用玻璃化溶液PVS_2室温下处理20～30min，直接投入液态氮中冷冻保存，然后接种在MS添加2.50mg/L KT、1.25mg/L IAA和1.25mg/L 6-BA的培养基上，经过恢复培养，茎尖成活率可达42.8%。

思考与练习

1. 传统的植物种质资源保存方式是什么？有何局限性？
2. 低温保存与超低温保存有何异同？
3. 在超低温保存中，采用哪些措施以尽量避免植物材料的伤害？
4. 我国马铃薯种质资源的保存方法有哪些？
5. 请根据低温保存的原理设计马铃薯试管苗的低温保存方案。

项目十三 马铃薯组培苗工厂的设计及生产经营管理

知识目标

1. 了解马铃薯组培苗工厂化生产的意义；
2. 掌握植物组织培养、离体快繁用的设施与设备，保护栽培设施，试管苗移栽设施、设备的功能与用途；
3. 掌握植物组培苗工厂化生产的技术；
4. 掌握组培苗工厂化生产的工艺流程。

技能目标

1. 能够设计植物组培苗工厂化生产的技术和工艺流程；
2. 能够独立经营管理现代化组培苗工厂。

任务一 组培苗工厂的设计

一、组培苗生产规模的确定

生产规模的大小也就是生产量的大小，要根据市场的需求、组织培养试管苗的增殖率和生产种苗所需的时间来确定。

(一)试管苗增殖率的估算

试管苗的增殖率是指植物快速繁殖中间繁殖体的繁殖率。估算试管苗的繁殖量，以苗、芽或未生根嫩茎为单位，一般以苗或瓶为计算单位。年生产量(Y)取决于每瓶苗的数量(m)、每周期增殖倍数(x)和年增殖周期数(n)，其公式为：$Y=mx^n$。如果每年增殖 8 次($n=8$)，每次增殖 4 倍($x=4$)，每瓶 8 株苗($m=8$)，则全年可繁殖的苗：$Y=8\times4^8=52$(万株)。这是理论生产数量，在实际生产过程中还有其他因素，如污染、培养条件发生变化等，会造成一些损失，实际生产的数量应比估算的数量低。

(二)生产计划的制订

根据市场的需求和种植生产时间制订全年植物组织培养的生产计划。制订生产计划虽不是一件很复杂的事情，但需要全面考虑，周密计划，把正常因素和非正常因素都要考虑进去。要考虑到制订计划后，在具体实施过程中会发生意外事件。

植物种苗无糖微繁殖工厂化生产程序包括：①入选品种外植体的筛选及获取；②外植体灭菌诱导培养；③快速繁殖；④生根培养；⑤出瓶过渡炼苗；⑥包装进入市场等工艺。在制订生产计划时必须注意以下几点:①对各种植物的增殖率应作出切合实际的估算;②要有植物组织培养全过程的技术储备(外植体诱导技术、中间繁殖体增殖技术、生根技术、炼苗技术);③要掌握或熟悉各种组培苗的定植时间和生长环节;④要掌握组培苗可能产生的后期效应。

制订某种植物组培生产计划,应根据市场需求(如用苗的时间和用苗的量)来安排。每年的春、夏、秋、冬季节都有定植时间,用量各不相同,外植体来源季节也不同。一个植物组培种苗工厂,应能生产当地适用、适销的各种各样的植物种苗,并且全年生产,全年供应。

全年生产量=全年出苗量×炼苗成活率

例如:组培生产无论有多少种植物,它们平均30d为一个增殖周期,一部超净工作台的每人转苗量为1 200株,按全年300个工作日计算全年的生产量。30%苗量为增殖培养,70%苗量为生根出苗,则:

全年出苗量=1 200×300=360 000(株)

全年生产量=360 000×70%=252 000(株)

一般一个熟练的接种工人根据繁殖品种的不同,年生产量可达15万~20万株,一个1.2m×0.6m×2.0m的6层培养架可年繁殖试管苗1.5万~2.0万株。即规划一个年生产量达100万株的组培室,需设5~6个无菌操作位置,培养架为40~50个。当无菌操作位置的数量确定后,即可计算出接种室的需求面积。按日生产组培苗的数量及培养周期计算需要的培养架数量,以此为基础很容易就可计算出培养室的需求面积,一般一台无菌工作台或者一个无菌操作位置需配备净培养面积(放置培养物的面积)7~10m^2。培养室的面积由培养架和过道决定,一个培养架的面积为1.5~2.0m^2,一般无菌操作室与培养室的面积比例为1∶2。因此,一个年产100万株试管苗的工厂,接种室面积应为40~50m^2,培养室面积应为100~120m^2。

围绕组培苗工厂建设,其他必备的配套设施、设备及操作用具购置的数量,应以每个无菌工作台的需求量计算,解剖刀、镊子、刀片等常用工具还要有充足的备用量。培养容器的数量取决于生产规模,一个6层培养架可以放置900个左右的三角瓶,除了培养架上需要的培养容器外,还需要增加10%~15%的周转用培养容器。

室外应有相应的温室、生产品种栽培展示区等,其面积的大小应根据不同的植物种类来确定。因此组培苗工厂的建设,需要认真规划、仔细计算、合理投资,使之既有系统性又具适用性,才能充分发挥最大的生产潜力。

(三)工厂化生产的工艺流程

工厂化生产种苗,既要根据每种植物的组培苗工厂化生产的步骤拟定工艺流程,又要结合植物组培的技术路线。组培苗工厂化生产的工艺流程如图13-1所示。

二、组培苗工厂的设计原则与要求

(一)工厂设计遵循的原则

植物组培苗工厂(实验室)应选址在安静、清洁、可避开各种环境污染源的地方,以减少污染,降低生产成本,确保工作的顺利进行。根据已确定的生产规模,设计组培苗生产车间时,要全面了解组培工作中所需的最基本的条件,以便因地制宜地利用现有房屋改建或新建组培苗工厂,尽量做到合理布局,参见图13-2。通常按工作程序先后,安排成一条连续的生产线,以避免环节错位,增加日后工作的负担或引起混乱。组培生产线主要包括培养器皿清

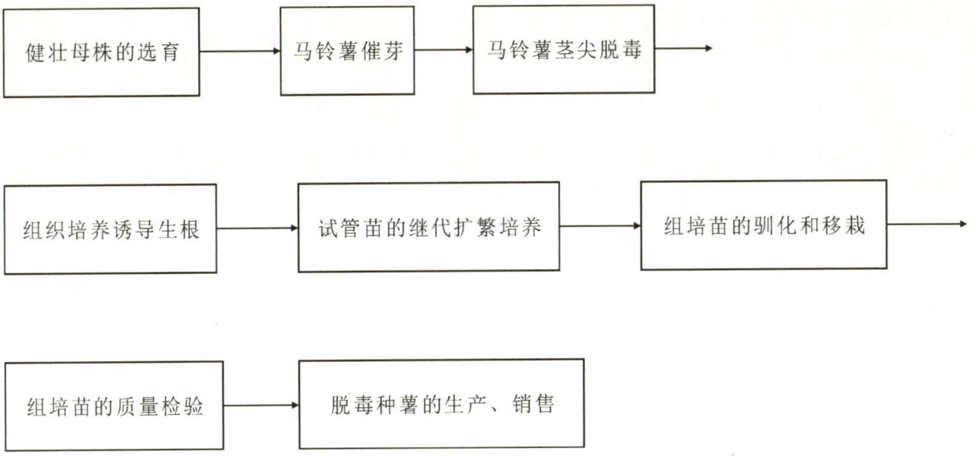

图 13-1　工厂化生产工艺流程示意图

洗;培养基的配制、分装、包扎和高压灭菌;无菌操作材料的表面灭菌和接种;进入培养室培养;试管苗出瓶、移栽等。各个房间的面积要合理安排,做到大小适中,工作方便,减少污染,节省能源,使用安全。

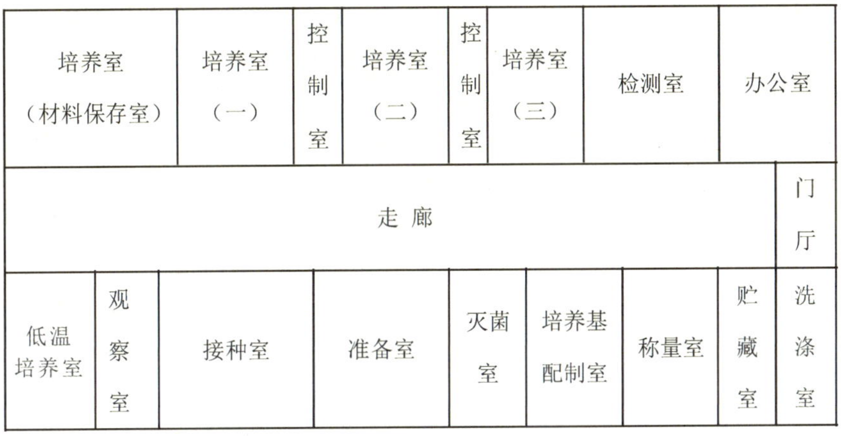

图 13-2　工厂化生产的实验室平面布置图

（二）组培苗工厂车间设备的具体要求

1. 洗涤室

洗涤室是洗涤玻璃器皿、用具及工作服的场所,植物组培快繁育苗生产所使用的各种器具的洗涤、干燥和保存都应在洗涤室进行。因此要求洗涤室有工作台面、多个水龙头、水池、塑料洗涤盆、培养容器摆放支架、电源、电热干燥箱、洗瓶机等。洗涤室墙壁要有耐湿、防潮功能。现国内已经开发出组培专用洗瓶机,采用先进的水力洗涤方式,体积小,效率高,1 人操作半天,即可完成 2 人 1 天手工操作的工作量。

2. 称量室

称量室要求干燥、密闭,无直射光照,有固定的水磨石平台,安放普通天平、万分之一分析天平(电子天平)、显微镜、解剖镜等仪器。室内应安静、清洁、明亮,保证光学仪器不振动、不受潮、不污染。要有电源插座,最好设计在阴面的房间,这样对药品的保存和称量有利。称量室紧邻培养基配制室较好,以方便配制母液和培养基。

3. 培养基配制室及灭菌室

培养基配制室要求备有各种试管、三角瓶、烧杯、量筒、吸管等玻璃器皿，有实验台以及放置器皿的各种橱架、水浴锅、蒸馏水器、过滤灭菌装置、冰箱和酸度计等，主要进行培养基的配制、分装。

器皿和培养基的消毒灭菌，最好在一个专用的灭菌室内进行，并紧邻培养基配制室。由于采用高温高压蒸汽灭菌方法，灭菌室应有排除蒸汽的排风扇等。建筑上要求其墙壁耐湿、耐高温。此外，还应该有用于干热灭菌的烘箱、湿热灭菌的高压蒸汽灭菌锅、水源、水池和供排水设施；有用于灭菌的两相和三相电源或煤气加热装置，摆放和存放器皿、培养基的架子及橱柜。规模较小时，也可以与洗涤室和培养基配制室合并在一起。

4. 无菌操作室(接种室)

植物材料的接种、培养物的转移、试管苗的继代、试管苗的生根等，均需在无菌环境中进行长时间的无菌操作，所以无菌条件对组织培养的成功起重要作用。防止细菌和真菌进入是个大问题，因此对环境的要求应十分严格。无菌操作室要求地面干净，墙壁光滑、平整，地面平坦无缝，便于彻底清洗和消毒。除出入口和通风口外，均应密封并安装滑门，以免造成空气流动，引起污染。室内上方和门口应安装紫外线灯，以便照射灭菌，还要有照明装置及插座，以备临时增加设备之用。室内有超净工作台、接种用的小推车以及试管、三角瓶、搪瓷盘、酒精灯、接种工具等。室内应尽量少放设备和器械。平房易吸潮，容易引起污染，因此有条件的应选择楼房，最好在二层或二层以上。

为避免工作人员进出时带进杂菌，无菌操作室外应该设置预备室，作为缓冲间。预备室和无菌操作室之间最好用玻璃墙隔离，便于观察和参观。在预备室中可放置工作服、鞋、帽等。接种前要开紫外线灯灭菌，电源开关最好安装在预备室外边，以免在开关灯时紫外线对眼睛和皮肤造成伤害。在开紫外线灯灭菌时应把所有需要的物品放入，室内不应该存放与接种无关的东西，也不要造成死角，以免紫外线无法照射到。此外，还应该配备消防设施。

5. 培养室

为满足培养材料生产、繁殖所需的温度、光照、湿度和通风等条件，培养室必须有照明和温控设备。培养室是将接种到培养容器的培养材料进行培养和生长的场所，培养室的大小应根据培养架的数量和生产规模而定。

(1)培养架与灯光

培养材料摆放在培养架上进行培养，培养架通常设计成5～7层，每层间隔25～30cm，通常架高1.7～2.3m，一般在每层上方安装日光灯供补充光照用，所以培养架的长度要根据日光灯的长度而设计。40W日光灯的长度为1.2m，培养架设计成1.3m，宽度一般为50cm左右。培养室的高度应为2.0～3.5m，以保证培养室内的空气循环良好。为了充分利用空间，培养架的高度应根据培养室的高度确定。在3m高的空间里，培养架可制作为8层，约2.2m高，这样可以摆放大量的培养容器，管理高层放置的容器可借助于梯子，由于培养期间并不需要太多照看，这样充分利用空间是可取的。如果以研究为主，架子就不要太高，以不站凳子时手能拿到瓶子为宜。培养架可以用每边宽为25～30mm的角钢来焊制。制成后除锈，涂一层防锈漆，再涂1～2层白漆。用5mm的玻璃做搁板，下方垫上有利于光线利用的锡薄纸。每层架子上安装固定或悬挂式的日光灯2～4盏，日光灯管距上层搁板3～5cm，每管相距20cm。灯管距架子边缘15cm，两灯之间距离20～30cm。用固定方式安装灯管整齐、美观，但灯座螺钉孔的位置要求严格，稍不合规格就不亮，或拆换困难，固定后不能再调节灯的位置与高度。悬挂式的则比较灵活，容易调节灯的位置与高度，但不够整齐。灯管安放在培养物的上方或侧面，镇流器最好安放在培养室外边，以防温度过高。在同一层培养架上，光的强弱分配有差异，接近光源的地方光照强，随着距光源距离的延伸，光照减弱。对某些需强光的植物或需要强光处理的材料，可缩短灯和培养容器之间的距离，以提高光照强度，但距灯管太近时，要留心温度过高，培养物生长受阻或烧伤。培养阴生植物或耐弱光的植物时，为节约电力和减少灯管损耗，可以每层架交错地开亮1～2盏灯，如非洲紫罗兰、花叶芋、秋海棠、月季苗等仍可适应。培养架所占面积按50cm×120cm计为0.6m^2，加上管理通道，在12～14m^2的室内可安放7～9个培养架。

(2)配电板

在培养室内应安装1～2个配电板，其上设熔断器(俗称保险盒)和闸刀开关，用以管理室内的电源。

(3)石英电子时控器

石英电子时控器是自动开关灯的设备，里面安放一节电池，推动石英钟行走。石英钟的盘面上除刻有时间刻度外，还有一些小卡子，可用螺钉调节，使其固定在某一时刻上。时控器通过交流接触器控制送电或断电，当时控器盘面行走到小卡子固定的时间刻度时，内部的机械装置动作，造成电流的通或断。将石英电子时控器和交流接触器安装在电路里，就可以控制每天开灯、关灯，也可以每天定时开关几次，例如夏天高温时节，可在夜间开灯或采用间歇光照，以降低温度和减轻空调机的负荷。

(4)空调机

窗式、挂式或立式空调机都能有效地调节室温。空调一般分两种类型：一种是既能降温又能升温，另一种是只能降温。若采用闭锁型培养室，选用单制冷的空调机即可。实际安装空调时，应根据培养室内的灯管数、发热量、外界温度和房间保温条件、室内空间大小来确定其安装功率。空调机应安置在室内较高的位置，以便于排热散凉，使室温均匀。若将空调机安在下部，室内的上层温度则始终难以降下来。

一般微繁殖用的培养室是半开放型的(称之为半开放型培养室)，有门窗，而且设置了较多的窗户，甚至有的房顶都安装了玻璃，目的是使自然光能通过门窗(玻璃)进入培养室而加以利用，从而节约能源。然而，阳光进入培养室的同时也带进了热量以及病菌和微生物，增大了污染和空调的耗电量，而且从门窗进来的光很有限，也是不均匀和不稳定的，易受天气变化的制约。太阳光的波长变化范围为300～3 000nm，但植物光合作用的波长是400～700nm，小于太阳放射线能量的50%，因此进入培养室的太阳光能被植物利用的极少，而且降温非常困难。

为了节约能源和使其环境控制的效果更好，无糖培养微繁殖采用的是闭锁型培养室，窗口全封闭，门也尽可能密封。培养室要求保温隔热，培养室的四壁可选白色或浅米黄色防霉漆、涂料等涂层，地面也应选浅色建材，最好是白水泥、白水磨石或同样的磨石砌块、瓷砖等，顶部为白色，总之各处都应增强反光，以提高室内的光亮度和易于清扫、消毒灭菌。我国大多数地区属大陆性气候，夏热冬冷，而培养室要求常年保持(25±2)℃，因此在房屋构造上要做到保温、隔热、防寒性能良好。如果房屋结构及隔热性能良好，无论降温或升温都可有效地节省能源，并易于保持培养室温度的稳定。一般说来，采用闭锁型培养室，在培养过程中受季节的影响不是非常明显，仅需在不同的季节根据具体的温度条件进行调节，采用间隔光照的方法，调节好光照和温度之间的关系。也可在夏季夜间或凌晨低温时加强通风，以便驱除室内郁积的热量。国外的许多试验表明：闭锁型系统能有效地降低空调的耗电量。在昆明市环境科学研究所新建的闭锁型无糖培养室中，耗电量周年基本稳定，一个 $10m^2$ 的培养室，净培养面积为 $15m^2$，空调每天耗电 7 度，照明平均每天耗电 32 度，气泵每天耗电 2 度。整个培养室的种苗产量和运行成本能进行有效的控制和核算。

6. 控制室

为了进一步降低生产成本，采用先进的无糖培养技术时，在两个无糖培养室的中间设一个控制间较为合理。控制间用于放置 CO_2 的输入设施、设备和计算机，计算机用于 CO_2 浓度、温度、湿度的监测和控制。控制室可以同时兼做接种室。

7. 物品存放室

暂时不用的器皿、用具等贮存在物品存放室内。物品存放室应当设计在背阴、通风的房间，室温较低并便于搬运。

各个组织培养室要合理安排，做到大小适中，工作方便，减少污染，节省能源，使用安全。设计组织培养室时应注意：为了减少污染，组织培养室外最好设缓冲间或缓冲走道，人员从外边进入，先经过一个缓冲区，进行更换工作服和拖鞋等准备工作，然后再进入培养室。如有条件，可设风淋消毒设施。

（三）组培工厂需要的配套设施

工厂化生产每天都有上万株试管苗出瓶移栽，因此，需要相应的配套设施，包括过渡培养室和露地炼苗场。一般试管苗出瓶后，需经一段时间的练苗，使其完全适应外界的环境条件后才能移栽至大田，试管苗的过渡一般在温室或塑料大棚内进行。过渡培养室可建成较先进的可调控温室，内装喷灌设施和可移动苗床。每平方米苗床可以栽种 800 株试管苗，一茬苗的过渡期为 30 天，考虑到组培苗难以完全按要求在固定时间内进入市场，应该留出适当面积进行周转。一般年产 10 万株苗的过渡培养室，面积应为 40～$60m^2$。如果用塑料大棚代替可控温室则可以降低成本，经过过渡培养的试管苗有的可以直接进入市场，有的还需要露地炼苗以进一步驯化。露地炼苗场既是二次过渡培养场地，也是种苗等待进入市场的存放地，其面积的大小可视情况而定。

工厂化生产组培苗只有按照一定的工艺流程进行，才能保证较低的污染率，降低损耗，提高生产效率。生产计划实施的步骤为：准备材料，最好在保护设施下培育健壮的母株作为外植体；离体快繁组培基本苗，包括无菌苗的建立、继代快繁增殖、生根等工序获得健壮的基本苗；组培苗质量检测；组培苗的移栽驯化；成苗的管理；组培苗的传送和运输。

任务二　组培苗工厂的生产经营管理

一、经营理念

经营理念是从事经营活动、解决经营问题的指导思想，它是随着生产力发展而发展的。在经营理念的指导下形成经营管理理论，经营管理理论用于指导生产经营实践，不断促进生产力发展。随着国民经济的迅速发展，农村的种植结构做出了大幅度的调整，植物组织培养也由小型试验发展改变为工厂化生产。试管苗供求由计划经济转变为市场经济，植物组织培养企业化经营管理的思想，首先是市场经营思想，也称市场观念，也就是对市场及其经营活动的基本看法和指导思想；其次是工厂化生产要规模化、标准化，应考虑如何进行大规模工厂化生产及生产优质、规模化、标准化的种苗。

企业经营的目的是赢利，效益就是企业的生命，因此，植物组织培养工厂化生产必须面向市场，以市场需求为导向。脱离市场需求和行情，盲目生产而造成损失和浪费，或科研技术薄弱而形不成批量生产，都不能提高经济效益。良好的经济效益来源于适度的生产规模、合理的预算、良好的产品质量、科学的经营管理。提高企业生产经营的经济效益，要了解市场，贴近市场，满足用户需求，根据用户的需要安排生产；强调生产的经济核算，降低产品成本；加强技术创新，提高产品质量；在种苗售后做好服务工作。只有这样，才能长久地占领市场、巩固市场和开拓市场。

经营策略是指植物组织培养生产企业在经营方针的指导下，为实现企业的经营目标而采取的各种对策，如市场营销策略、产品开发策略等。而经营方针是企业经营思想与经营环境相结合的产物，它规定企业一定时期的经营方向，是企业用于指导生产经营活动的指南针，也是解决各种经营管理问题的依据，如在市场竞争中提出以什么取胜、在生产结构中以什么为优等都属于经营方针的范畴。

经营方针是由经营计划来具体体现的。经营计划的制订取决于具体的条件，如资金、技术、市场预测、植物组培种类与品种的选择等。此外，还要根据选择的植物组培种类与品种确定种植地区，包括种植区的气候、土质、交通运输以及市场、设备物资的供应、劳动力的报酬等。植物组培生产企业应在经营方针的指导下有效地利用地理条件、自然资源、植物种类生产的各种要素，合理地组织生产。

二、市场营销

市场需求的预测：组培生产企业进行预测时，首先要做好区域种植结构、自然气候、植物种类及市场发展趋势的预测。例如，花卉种苗在昆明、上海、山东等地鲜花生产基地就有相当大的需求市场，而马铃薯在华北地区、东北地区、华东地区北部种植面积大，种子市场需求量大。市场占有率是指一家企业的某种产品的销售量或销售额与市场上同类产品的全部销售量或销售额之间的比例。影响市场占有率的因素主要有组培植物的品种、种苗的质量、种苗的价格、种苗的生产量、销售渠道、包装、保鲜程度、运输方式和广告宣传等。市场上同一种植物种苗往往有若干企业生产，用户可任意选择。这样，某个企业生产的种苗能否被用户接受，就取决于与其他企业生产的同类种苗相比，在质量、价格、供应时间、包装等方面处于什么地位。若处于优势，则销售量大，市场占有率高，反之就低。

产品的营销：企业运用各种方式和方法向消费者传递产品信息，激发购买欲望，促进其购买的活动过程。产品的营销，第一，要正确分析市场环境，确定适当的营销形式。种苗市场如果比较集中，应以人员推销为主，它既能发挥人员推销的作用，又能节省广告宣传费用；如果比较分散，则宜用广告宣传，这样可以快速、全方位地把信息传递给消费者。第二，应根据企业实力确定营销形式。企业规模小，产量少，资金不足，应以人员推销为主；反之，则以广告为主，人员推销为辅。第三，根据种苗产品的特性确定营销形式。当地产品种苗供应集中，运输距离短，销售时效性强，多选用人员推销的策略，并同时做好售后服务、栽培技术推广工作；对种苗用量少，稀有品种，则通过广告宣传媒体介绍，吸引客户。第四，根据产品的市场价值确定产品的营销形式。在试销期间，商品刚上市，需要报道性的宣传，多用广告和营业推销；产品成长期，竞争激烈，多用公共关系手段，以突出产品和企业的特点；产品成熟饱和期，质量、价格都趋于稳定，宣传重点是尽可能争取用户。

三、效益分析

(一)成本核算

要降低成本，首先要提高经营者的管理水平、操作工的技术熟练程度，要按照工艺流程操作，按计划生产。例如转苗污染率高或炼苗成活率低，就加大了成本。其次是购置设备仪器时要周密计划，杜绝闲置浪费，并经常检修保养，避免损坏，延长寿命，达到降低成本、提高效益的目的。

组培室和炼苗室的加温、降温及人工光照明、灭菌、转接苗所用电，成本很高，可利用当地的自然条件节约水电的开支。另外，制作培养所需的药品占比很高，为降低成本，可用食糖代替蔗糖，琼脂要用物美价廉的琼脂粉或琼脂条，等等。但应注意，降低成本必须以保证和提高种苗质量为前提。

(二)规模化生产

在一定的条件下，植物组织培养生产规模越大，生产成本越低，利润越高；组培生产量小，基础设施的成本高，必然利润低。此外，可发展多种经营，加强横向联合，以获得更多的利润。

(三)产销对路

一方面要根据市场需求，以销定产；另一方面应引进畅销的名、特、新、优植物品种，快速繁殖种苗，抢占市场，引导市场的需求，形成批量生产，降低成本，提高经济效益。

(四)现代化经营管理

要保证产品质量，坚持信誉第一，质量第一。质量是企业的生命线，一定要为用户服务，为生产者着想，坚持真正为社会服务。

重视技术的贮备、技术人员的培训和新技术的开发。在进行生产的同时要开展试验研究，以科技为先导，不断进行创新，以适应市场的变化，不断开拓新的市场，增强企业的核心竞争力。

思考与练习

1. 怎样计算试管繁殖的增殖率？
2. 试制订一个组培苗工厂化生产的年生产计划。
3. 商业化组培苗生产的成本核算包括哪些内容？
4. 试核算年产 50 万株马铃薯试管苗的成本和利润。
5. 在组培苗工厂化生产中，降低成本、提高经济效益的措施有哪些？

实验实训指导

学生实验实训守则

1. 进行实验实训前必须预习，明确原理、目的、要求、方法及步骤，熟悉所用仪器、设备的性能及操作规程，做好实验准备。

2. 进入实验实训室，要严格遵守各项规章制度，保持室内安静、整洁，不乱倒废物及实验产生的废料，不影响他人实验。

3. 听从老师指导，遵守操作规程，认真操作，仔细观察，积极思考，努力培养分析问题和解决问题的能力。

4. 如实记录实验数据，分析实验现象，不抄袭他人实验记录，做完实验后认真复查。

5. 要爱护仪器、设备，节约水、电、试剂、药品和器材。凡损坏或丢失，均应及时报告并登记，按规定处理。

6. 实验结束后要整理实验台面，打扫卫生。离开时要注意切断电源、水源、气源。

7. 按时完成实验报告，认真做好实验后的复习和总结，真正掌握所学知识。

马铃薯组织培养实验实训报告的书写要求

实训报告是对实验观察、记载、比较后所得结果的真实报告。实训报告内容包括实训人员简况、实训目的、实训原理、实训材料和用具、实训方法或步骤、实训结果报告，以及实训收获与体会、存在的问题和改进意见等。

1. 实训人员简况

实训人员简况主要包括学生年级、姓名、实验分组、实验日期等情况。

2. 实训目的

对实训目的进行简要概括。

3. 实训原理

对实训原理进行简要概括。

4. 实训材料和用具

对实训过程中实际使用实训材料和用具的规格、型号，液体名称、浓度等进行叙述。

5. 实训方法或步骤

对实训过程中实际使用的实训方法或步骤进行叙述。

6. 实训结果报告

实训结果报告的形式可以根据实训内容的不同而分为文字描述、绘图和列表三种形式。

7. 实训收获

实训收获主要说明通过实训是否达到了实训应该达到的目的；是否理解或掌握了实训

原理；发现存在的问题，并提出改进意见。

实训一　参观马铃薯组织培养室

一、实训目的

由指导老师带领学生参观现代化的马铃薯组织培养室，有助于学生对组织培养树立一个理性的认识，培养学生的学习兴趣和学习热情。

在参观的过程中，指导老师要为学生多做示范，让学生们在参观的过程中能够认识到组织培养工作的严格要求和精细操作，树立无菌操作的观念。

二、实训要求

要求分组、分批次参观组培实验室，确保每位同学都有机会观看到实验演示，并且要按照组培实际操作顺序依次参观各个操作间，利于学生在今后的学习过程中建立宏观的概念。

同时要求学生严格遵守组培实验室的要求，注意安全问题。

三、实训作业

1. 简述参观组织培养室的感受。
2. 参观组织培养室后，你认为组培过程应该注意些什么？

实训二　MS 培养基母液的配制

一、实训目的

掌握培养基母液的制备方法、保存方法及其注意事项。

二、实训原理

MS 是最常用的基本培养基。培养基一般包括无机盐、有机化合物和植物生长调节剂三大基本组成成分。在配制培养基时，为了减少试剂称取的工作量和称量时出现的误差，以及避免多种营养成分混合导致沉淀产生或相互反应而失去培养效果，预先要将各种营养成分配制为不同组分的培养基母液。母液的浓度为培养基浓度的 10 倍、100 倍或更高。MS 培养基的母液常常配制为大量元素母液（10 倍液）、微量元素母液（100 倍液）、铁盐母液（100 倍液）、有机物质母液（100 倍液）及各种植物生长调节剂，使用时按浓度定量吸取后加入。

三、实训材料和用具

1. 实训材料

KNO_3、NH_4NO_3、$MgSO_4 \cdot 7H_2O$、KH_2PO_4、$CaCl_2 \cdot 2H_2O$、$MnSO_4 \cdot 4H_2O$、$ZnSO_4 \cdot 7H_2O$、H_3BO_3、KI、$NaMoO_4 \cdot 2H_2O$、$CuSO_4 \cdot 5H_2O$、$CoCl_2 \cdot 6H_2O$、Na_2EDTA、$FeSO_4 \cdot 4H_2O$、甘氨酸、盐酸硫胺素、盐酸吡哆醇、烟酸、肌醇、IAA、IBA、NAA、2，4-D、KT、ZT、

6-BA、GA_3、ABA、NaOH、HCl、95%酒精。

2. 实训用具

天平、烧杯、量筒、玻璃棒(搅拌器)、吸耳球、移液管、移液枪、试剂瓶。

四、实训步骤

1. 大量元素母液(简称母液 1):分别称取 10 倍用量的各种大量无机盐(各类母液成分、浓度、用量、保存方法详见表 1),把 Ca^{2+} 与 SO_4^{2-},Ca^{2+}、Mg^{2+} 与 PO_4^{3-} 分别溶解,最后加水,定容至 1 000mL 后装入试剂瓶中,冰箱内冷藏室保存备用。

表 1 MS 培养基母液的配制方法

母液类别(扩大倍数)	成分	规定量(mg)	称取量(mg)	母液体积(mL)	配 1 L 培养基的吸取量(mL)	保存方法
大量元素母液(10 倍)	KNO_3	1 900	19 000	1 000	100	冷藏
	NH_4NO_3	1 650	16 500			
	$MgSO_4 \cdot 7HO_2$	370	3 700			
	KH_2PO_4	170	1 700			
	$CaCl_2 \cdot 2H_2O$	440	4 400			
微量元素母液(100 倍)	$MnSO_4 \cdot 4H_2O$	22.3	2 230	1 000	10	冷藏
	$ZnSO_4 \cdot 7H_2O$	8.6	860			
	H_3BO_3	6.2	620			
	KI	0.83	83			
	$Na_2MoO_4 \cdot 2H_2O$	0.25	25			
	$CuSO_4 \cdot 5H_2O$	0.025	2.5			
	$CoCl_2 \cdot 6H_2O$	0.025	2.5			
铁盐母液(100 倍)	Na_2EDTA	37.25	3 725	1 000	10	冷藏
	$FeSO_4 \cdot 7H_2O$	27.85	2 785			
有机物质母液(100 倍)	甘氨酸	2.0	100	500	10	冷冻(分装试管中保存)
	盐酸硫胺素	0.4	20			
	盐酸吡哆醇	0.5	25			
	烟酸	0.5	25			
	肌醇	100	5 000			

2. 微量元素母液(简称母液 2):分别称取 100 倍用量的微量无机盐,依次溶解于 800mL 水中,定容至 1 000mL 后装入试剂瓶中,冰箱内冷藏室保存备用。

3. 铁盐母液(简称母液 3):称取 100 倍用量的 Na_2EDTA(乙二胺四乙酸钠)和 $FeSO_4 \cdot 7H_2O$,溶于 800mL 水中,定容至 1 000mL 后装入棕色试剂瓶中,放入冰箱内冷藏室保存备用。

4. 有机物质母液(简称母液 4):分别称取 100 倍用量的各种有机物质,依次溶解于 400mL 水中,定容至 500mL 后分装于试管中,放入冰箱冷冻室贮存备用。

5. 植物生长调节剂溶液的配制

植物生长素类物质，如 IAA、IBA、NAA 和 2,4-D，可先用少量 95%酒精溶解，再用水定容；植物细胞分裂素类物质，如 KT、ZT 和 BA，可用少量 1mol/L 的 NaOH 溶解后，再加水定容。将配制好的溶液装入试剂瓶或试管中，冰箱内冷藏或冷冻保存备用。IAA、IBA 和 ZT 溶液应避光保存。具体的配制、保存与灭菌方法如表 2 所示。

表 2　植物生长调节剂溶液的配制与保存

种类	名称	相对分子质量	试剂保管	溶解方法	保存方法	高压灭菌
生长素	IAA	175.19	冷冻	特级乙醇	冷冻、避光	○～△
	IBA	203.23	冷藏	特级乙醇	冷冻、避光	○～△
	NAA	186.21	室温	特级乙醇	冷藏	○
	2,4-D	221.04	室温	特级乙醇	冷藏	○
细胞分裂素	KT	215.21	冷冻	1mol/L NaOH	冷藏	○
	ZT	219.20	冷冻	1mol/L NaOH	冷冻、避光	×
	BA	225.25	室温	1mol/L NaOH	冷藏	○
其他	GA_3	346.38	室温	特级乙醇	冷藏	×～△
	ABA	264.32	冷冻	1mol/L NaOH	冷冻、避光	○～△

五、注意事项

1. 配制好的母液：在瓶上注明溶液种类、浓度、日期。在发现溶液有霉菌或沉淀时，应该重新配制。

2. 高压灭菌(表 2)：○—可以；△—有部分分解；×—需过滤、灭菌。

六、实训报告及实训作业

1. 撰写实训报告。
2. 如何配制 MS 培养基的四种母液？应注意什么？
3. 如何储存母液？
4. 如何配制植物生长调节剂？

实训三　MS 培养基的配制

一、实训目的

了解培养基的相关知识和掌握制备培养基的基本方法是进行植物组织培养必备的技术之一。通过本次实训，学会利用已配制好的母液来配制 MS 培养基。

二、实训原理

培养基的选择和制备对植物组织培养成功与否的影响很大。培养基的种类、营养成分、

pH 值等会影响到外植体的生长发育。因此,必须掌握培养基的配制方法和注意事项。

三、实训仪器

1. 仪器

量筒、盛放培养基的容器、酸度计、加热器(微波炉)、纯水器、培养器皿。

2. 试剂

蒸馏水、1mol/L 的氢氧化钠或 1mol/L 的稀盐酸。

四、实训步骤(以配制 1 000mL 培养基为例)

1. 取出母液和植物生长调节剂溶液并按顺序放好,将冷冻的贮藏液融化待用。将各种洁净的玻璃器皿(如量筒、烧杯、移液管、移液枪、玻璃棒等)放在指定位置。

2. 取一只 1L 烧杯,放入 500mL 左右纯水,依次加入母液 1(100mL)、母液 2(10mL)、母液 3(10mL)、母液 4(10mL),并不断搅拌。

3. 根据培养基的配方加入植物生长调节剂和蔗糖,待蔗糖溶解后加纯水定容至 1L。

4. 加入琼脂(通常 7～10g/L),加热使其完全溶解。

5. 调整 pH 值。用预先配好的氢氧化钠或稀盐酸调整。

6. 将培养基分装到培养器皿中,封好瓶口。

五、实训作业

1. 每人配制 5 瓶 MS 培养基。

2. 在制备培养基的过程中应注意哪些问题?

实训四　组织培养用具及培养基的灭菌

一、实训目的

植物组织培养要求在无菌条件下进行操作,组培过程中用到的器皿和培养基必须进行灭菌处理才能使用。通过本次实训,能够掌握培养基和培养用具的灭菌方法。

二、实训原理

配制好的培养基含有大量杂菌,应立即进行灭菌。培养基的灭菌方法有高压蒸汽灭菌和过滤灭菌,广泛使用的培养基灭菌法是通过高压蒸汽灭菌。高压蒸汽灭菌通过手提式高压蒸汽灭菌锅和自动蒸汽灭菌锅来完成。

三、实训仪器

手提式高压蒸汽灭菌锅。

四、实训步骤

1. 在灭菌锅内加入足够的水,一般要求掩住锅底的加热管;

2. 将制备好的培养基或包裹好的培养用具放在灭菌锅内；

3. 加热升温，当压力达到 0.05Pa 时切断电源，打开排气阀，排除冷空气；

4. 当压力降到 0 时，再次升温，达到 0.105Pa 时开始计时 15～20min；

5. 让灭菌锅自动降温，压力回到 0 时打开排气阀排除气体，打开灭菌锅盖子，取出灭菌物品，培养基冷却（或器皿需烘干）后备用。

五、注意事项

1. 灭菌前应检查锅内是否加入足量的水，以免造成空烧或干烧。

2. 装锅不可过满，锅内应留有一定的空间，有利于蒸汽的上下回流，达到灭菌效果。

3. 严格保持压力恒定，遵守灭菌时间。灭菌时间过长或压力过高会影响培养基的有效成分，同时也使培养基的 pH 值发生较大幅度的变化；灭菌时间过短或压力过低则达不到灭菌效果。

4. 只有当高压锅的压力下降到 0 后，才能开启压力锅，以免产生危险。

六、实训报告及实训作业

1. 撰写实训报告。

2. 灭菌时的注意事项有哪些？

实训五　外植体处理

一、实训目的

通过外植体灭菌处理、超净工作台上进行接种培养等无菌操作训练，掌握植物组织培养材料灭菌的基本方法以及无菌操作技术。

二、实训原理

植物组织培养过程中，外植体带菌是污染的主要原因之一。因此，外植体的灭菌是组织培养中重要的工作环节。从田间或温室中选取的外植体，都不同程度地带有各种微生物。因此，外植体必须经过严格的表面灭菌处理。

外植体的灭菌是利用各种化学药剂（灭菌剂）对外植体所带的杂菌进行杀灭而实现无菌的。在实验中要根据材料特点选择合适的灭菌剂及相应浓度与时间进行灭菌处理。

三、实训材料和用具

1. 实训材料

马铃薯的茎、叶、薯块等。

2. 实训药品

灯用酒精、75％酒精、2％次氯酸钠、吐温-80。

3. 实训用具

超净工作台、无菌滤纸（或无菌培养皿）、烧杯、镊子、解剖刀、镊子架、酒精灯、记号笔、废液罐、酒精喷壶(内装75%酒精)、培养基器皿(内装配制好的培养基)。

四、实训步骤

1. 用75%的酒精将超净工作台擦洗干净,将解剖刀和镊子浸入75%的酒精中。再将培养基、无菌滤纸(或培养皿)、无菌水一同放入超净工作台中。打开超净工作台的紫外线灯进行灭菌处理15min。

2. 将需要灭菌的植物材料作适当切割(去掉不需要的部分),置自来水龙头下流水冲洗几分钟至数小时,冲洗时间视材料清洁程度而定。易漂浮或细小的材料,可装入纱布袋内冲洗。污染严重时可加入洗衣粉(洗洁净)清洗。

3. 操作人员用肥皂洗净双手,再用75%的酒精喷洗双手和盛放植物材料的烧杯外壁,将烧杯放到超净工作台上。点燃酒精灯,将镊子、解剖刀等接种用具放在酒精灯火焰上灼烧灭菌,然后放在镊子架上备用。

4. 烧杯中的植物材料先用75%的酒精灭菌30s,不断搅拌,倒掉酒精,用无菌水冲洗3次,再用2%的次氯酸钠灭菌15min左右(灭菌时间与植物材料特性有关)。为了使植物表面灭菌彻底和均匀,可以在灭菌溶液中滴加几滴吐温-80,不断搅拌,使植物材料和灭菌溶液充分接触。

5. 将烧杯中的次氯酸钠倒入废液罐,灭菌材料用无菌水冲洗3次以上。用镊子取出无菌滤纸,然后取出外植体置于无菌滤纸上,用镊子和解剖刀对外植体的大小进行调整。

五、实训报告及实训作业

1. 撰写实训报告。

2. 植物材料灭菌过程中应注意哪些问题?

3. 简述无菌操作的一般过程。

实训六　马铃薯茎段快繁

离体繁殖也称微型繁殖或快速无性繁殖,简称快繁。离体繁殖与传统的无性繁殖方法比较,具有繁殖速度快、占用空间小等特点,并且可以和脱除病毒与种质保存结合起来,生产出高质量和整齐一致的苗木,符合现代化生产的要求。

一、实训目的

学习和掌握马铃薯茎段快繁的基本方法。

二、实训原理

在实际的离体繁殖中,为了保证良种无性系的遗传稳定性,采用的外植体必须是生长健壮、成熟的营养芽、块茎、球茎等。如果采用其他器官组织的外植体繁殖后代或通过愈伤组织诱导再生植株可能产生变异,不能保证良种的优良种性。但对于通常用种子繁殖的作物杂种一代或砧木,其离体繁殖的材料也可以采用优良的种子,快速产生性状优良、生长一致的蔬菜、花卉或砧木种苗。茎尖培养时,可通过促使茎尖内的腋芽萌发形成一定数量的腋生枝，然后培养而形成完整植株。马铃薯可通过茎段培养由其腋芽再生成完整植株而进行快速繁殖。

三、实训用具

1. 培养基

马铃薯茎段快繁培养基：MS＋3％蔗糖＋0.5％～0.7％琼脂。

2. 仪器

超净工作台、高压蒸汽灭菌锅、蒸馏水器、酸度计、天平、酒精灯、剪刀、镊子、试管、培养皿、三角瓶、低温冰箱、烧杯、移液管、量筒。

四、实训步骤

1. 马铃薯茎段快繁的方法及培养基

把经过检测不带病毒的小苗切成带1～2个腋芽的茎段，接种于快繁培养基上，待新的小苗长至10cm左右时(3～4周)，再转接进行下一次扩繁。培养基为：MS＋3％蔗糖或市售白糖＋0.5％～0.7％琼脂，pH＝5.8。

2. 培养瓶及封口材料

可采用150mL的三角瓶作为培养容器，用棉塞和牛皮纸作为封口材料。为了节约成本，也可采用罐头瓶作培养容器，用耐高温、高压的聚丙烯薄膜作封口材料。

3. 培养室的条件

培养室的温度控制在20～25℃。高于26℃，苗顶端易产生烧苗现象；高于33℃，苗停止生长。光照度为2 000～3 000lx，每天光照12h。也可以利用自然散射光作光源。用散射光培养的试管苗茎叶粗大，叶片肥厚、深绿，节间短，生长健壮，可降低生产成本和提高试管苗移栽的成活率。

五、实训报告

撰写实训报告。

实训七　马铃薯组培苗的驯化与移栽

一、实训目的

通过本实训，要求学生学会和掌握组培苗的驯化和移栽方法及移栽后的管理。

二、实训原理

组织培养中培育出来的苗通常称为组培苗或试管苗。由于试管苗是在无菌、有营养供给、适宜光照和温度、近100％的相对湿度环境条件下生长的，因此，在生理、形态等方面都与自然条件生长的正常小苗有很大的差异。所以必须通过炼苗，例如通过控水、减肥、增光、降温等措施，使它们逐渐地适应外界环境，从而使其生理、形态、组织上发生相应的变化，更适合自然环境。只有这样才能保证试管苗顺利移栽成功。

三、材料、试剂与用具

1. 材料

马铃薯组培苗。

2. 试剂与用具

蛭石、珍珠岩、腐殖土、草炭土、砂子、喷壶、育苗盘、塑料钵等。

四、实训步骤

1. 移栽基质的配制

用珍珠岩、蛭石、草炭土或腐殖土以 1∶1∶0.5 混合。也可用砂子、草炭土或腐殖土以 1∶1 混合。这些介质在使用前应高压灭菌。

2. 移栽前的炼苗

移栽前可将培养物不开口移到自然光照下锻炼 2～3d，让试管苗接受强光的照射，使其长得壮实起来，然后再开口炼苗 1～2d，经受较低湿度的处理，以适应将来自然湿度的条件。

3. 移栽和幼苗的管理

从试管中取出发根的小苗，用自来水洗掉根部黏着的培养基，要全部除去，以防残留培养基滋生杂菌。但要轻轻除去，以避免伤根。栽植时用一个筷子粗的竹签在基质中插一小孔，然后将小苗插入，注意幼苗较嫩，防止弄伤，栽后把苗周围基质压实，栽前基质要浇透水。栽后轻浇薄水。再将苗移入高湿度的环境中，保证空气湿度达 90％以上。

五、实训报告

将本次实验整理成实训报告并探讨提高组培苗移栽成活率的措施和方法。

实训八　马铃薯茎段愈伤组织培养

一、实训目的

了解马铃薯茎段做外植体时愈伤组织诱导和分化的过程。

二、实训原理

在一定的条件下离体的外植体可以形成愈伤组织，形成愈伤组织的过程叫脱分化。形成的愈伤组织，有的很坚实，有的很松脆。决定愈伤组织质地和性状的因素与培养基中氨态氮与硝态氮的比例有关。

三、实训材料和用具

1. 实训材料

马铃薯无菌试管苗。

2. 实训药品

配制 MS 培养基母液所需的药品、蔗糖、琼脂、酒精、NAA、6-BA、GA_3。

3. 培养基

马铃薯茎段愈伤组织诱导培养基：MS+0.2mg/L NAA+2mg/L 6-BA+1.5mg/L GA_3。

4. 实训用具

超净工作台、高压蒸汽灭菌锅、蒸馏水器、酸度计、天平、酒精灯、解剖刀、剪刀、镊子、试管、培养皿、三角瓶、低温冰箱、烧杯、量筒、废液杯。

四、实训步骤

1. 接种室的准备

打开超净工作台开关，确认正常送风后，开机15～30min。将超净工作台用70%的酒精棉球擦拭干净(或喷雾消毒)，台面上放置以下用具：酒精灯、70%酒精缸、酒精棉球瓶、废液杯、镊子、解剖刀、培养基。

2. 培养材料的繁殖

将马铃薯无菌试管苗剪成带1～2个腋芽的茎段，接种于MS加3%蔗糖的培养基上，置于(23±2)℃、2 000～3 000lx的条件下进行培养，待新的小苗长至10cm左右时(3～4周)，再进行继代培养。

3. 培养材料的接种

接种前洗净双手，用70%的酒精棉球消毒双手表面。将超净工作台上三角瓶的封口橡皮筋打开，整齐排列在接种台左侧。点燃酒精灯，将所用镊子、剪刀在酒精缸内沾以70%酒精后，在酒精灯火焰上灼烧灭菌，然后放在支架上，冷却后再用。

从继代培养4周左右的试管苗上剪取长度为0.5～1cm、不带腋芽的茎切段，平放于培养基表面，轻轻按住外植体使其接触培养基。注意接种材料要摆放均匀且保持一定密度，然后封口，扎好橡皮筋，并用玻璃记号笔在瓶下方注明材料代号、培养基代号、接种日期及姓名代号等。记录接种瓶数及每瓶外植体接种数。接种完毕，熄灭酒精灯，将台面收拾干净。

4. 培养

将培养材料置于(23±2)℃、1 500～2 000lx、8～10h/d的条件下进行培养。接种后一周内，如有污染情况即可观察到，真菌污染菌丝清晰可见，呈黑、白色；如为细菌污染，则为粉红、白色或黄色黏稠菌斑。发现污染，应及时转移或处理未污染材料。培养2～4周后，可在外植体或其切口处观察到已长出的愈伤组织。

五、实训作业

1. 记录接种情况并统计愈伤组织的诱导率。

接种瓶号	每瓶外植体接种数(个)	愈伤组织诱导率(%)	愈伤组织状态

愈伤组织诱导率=(实际形成的愈伤组织数/接种外植体数)×100%

2. 说明植物激素对愈伤组织诱导及其分化的影响。

实训九　马铃薯愈伤组织的超低温保存

超低温保存是指在－196℃（液氮温度）～－80℃（干冰温度）甚至更低温度下保存生物材料。

一、实训目的

熟悉马铃薯愈伤组织超低温保存的基本操作过程。

二、实训原理

植物在超低温环境中，细胞内自由水被固化，仅剩下不能被利用的液态束缚水，酶促反应停止，新陈代谢活动被抑制，材料将处于“假死”状态。在降温和升温过程中，没有发生化学组成的变化，而物理结构变化是可逆的，因此，保存后的细胞能保持正常的活性和形态发生潜力，且不发生任何遗传变异。

三、实训材料和用具

1. 实训材料

马铃薯茎段愈伤组织。

2. 实训药品

MS 培养基所需药品、蔗糖、琼脂、70％酒精、NAA、BA 等。

3. 培养基

马铃薯愈伤组织保存培养基：MS＋1mg/L BA＋1mg/L NAA＋20g/L 蔗糖＋6g/L 琼脂。

4. 实训用具

超净工作台、高压蒸汽灭菌锅、蒸馏水器、酸度计、天平、酒精灯、解剖刀、剪刀、镊子、试管、三角瓶、烧杯、移液管、量筒、玻璃记号笔、脱脂棉、火柴、无菌纸、液氮罐、冻存管、分光光度计。

四、操作步骤

1. 超低温保存

取继代保存 15～20d 的待保存胚性愈伤组织，移入 1.8mL 超低温保存专用的冻存管中，每管约含 0.3g 材料，于常温下用 60％玻璃化溶液（2PVS_2）装载 30min；再于 0℃下用玻璃化溶液（PVS_2）平衡 60min；移去 PVS_2 溶液，加入新鲜的 PVS_2 保护剂；迅速将冷冻管投入液氮中保存。每一处理重复 3 次。

PVS_2 溶液的组成：MS＋0.4mol/L 蔗糖＋30％甘油＋15％乙二醇＋15％ DMSO。

2PVS_2 溶液的组成：0.15mol/L 蔗糖液体培养基＋PVS_2 溶液，体积比为 40∶60。

2. 化冻

材料在液氮中贮藏 48h 后，于 40℃温水浴中进行化冻。当冻存管中的冰开始化冻时，移去 PVS_2，在 MS 基本培养基中加 1.2mol/L 蔗糖的培养液，轻轻摇动冻存管，移去培养液，再用同样的培养液洗涤2次，每次10min。洗涤后的胚性培养物用于恢复生长培养。

3. 愈伤组织超低温保存后恢复生长

化冻后的培养物接种到马铃薯的愈伤组织保持培养基上，于黑暗中恢复生长，1周后观察超低温保存后的马铃薯愈伤组织培养物的恢复生长状况。

五、实训作业

1. 超低温保存中应当注意哪些问题？
2. 如何提高超低温保存细胞的存活率？

实训十　马铃薯茎尖脱毒培养

一、实训目的

茎尖脱毒是植物脱毒技术中最为有效的一种方法，可去除病毒，恢复品种特性。通过本次实训，要求学生了解植物茎尖脱毒的基本原理，学会马铃薯茎尖脱毒的程序及方法。

二、实训原理

病毒在植物体内的分布是不均匀的，在植物茎尖中呈梯度分布。利用茎尖分生组织离体培养技术对已感染的良种进行脱毒处理，并在离体条件下进行组织培养，能够获得强壮健康的脱毒种苗。在保护条件下进行扩大繁育脱毒种苗，建立合理的良种繁育体系，为农业生产提供优质的脱毒种苗和生产技术服务。实践证明，用高质量的脱毒种苗可以使农作物的产量增加，品质提高，获得明显的经济效益。剥取茎尖外植体(指茎的顶端分生组织及其下方的1～2个叶原基，长0.1～0.5mm)进行离体培养，就可以得到脱病毒植株。

三、材料与用具

1. 材料

马铃薯块茎。

2. 用具

光照培养箱、超净工作台、解剖镜、解剖刀、解剖针、长镊子、培养皿等。

3. 试剂

MS培养基母液、6-BA、NAA、GA_3、75%酒精、0.1%升汞、蔗糖、琼脂、蒸馏水。培养基配方：MS+ GA_3(0.1mg/L)+ NAA(0.5mg/L)+6-BA(0.5mg/L)。

四、实训步骤

1. 室内催芽：选择表面光滑的马铃薯块茎，播种在湿润的无菌沙土中，适温催芽。待芽长2cm时，将发芽块茎放入38℃的光照培养箱中，光照12h/d处理2周左右。

2. 材料选取与灭菌：剪取经过高温处理的马铃薯茎尖1～2cm，用自来水冲洗30min，剥去外面的叶片，然后放在超净工作台上进行消毒。先用75%的酒精浸润15s，然后用无菌水冲洗3～5次，再用0.1%的升汞浸泡8～10min，无菌水冲洗3～5次。最后将处理过的材料放入灭过菌的培养皿中待用。

3. 茎尖的剥离：在超净工作台内，将已消毒的茎尖放在解剖镜下，逐层剥去幼叶直至露出圆锥形生长点，用灭过菌的解剖刀切取长0.1～0.5mm带1～2个叶原基的茎尖，切面要平整。

4. 接种：将切取的茎尖迅速接种到经过灭菌的培养基上，注意茎尖切面要贴在培养基表面上，不能将茎尖插入培养基内，更不能倒置。放好后扎好瓶口，送入培养室培养。

5. 培养：将接种后的材料放入培养室内培养，培养条件为：温度23～27℃、光照强度为1 000～3 000lx、光照期16h/d。5～7d后茎尖转绿，40～50d成苗。

五、实训报告及实训作业

1. 马铃薯茎尖接种后定期观察其生长、分化及污染情况，并将实训结果整理成实训报告。

2. 如何提高马铃薯茎尖脱毒快繁苗的出苗率？

实训十一　马铃薯试管薯的诱导

马铃薯试管薯是在培养瓶内通过诱导，在试管苗叶腋间形成的直径为2～10mm的块茎。马铃薯试管薯的诱导与生产，对于马铃薯种薯生产、种质保存、种子交换、块茎形成和发育机理的研究等方面具有重要的意义。

一、实训目的

了解和掌握马铃薯试管薯生产的基本操作过程和技术。

二、实训原理

马铃薯试管薯具有品种纯度高、无毒无病、体积小、便于贮藏和运输等优点，并且试管薯生产不受气候影响，可以常年大规模工厂化快速生产。试管薯能直接用于商品薯生产，也可用作微型薯生产的基础材料。影响试管薯诱导的主要因素有基因型、植物生长调节物质(6-BA、IAA、GA_3、KT、CCC、B_9、香豆素等)、碳源、培养方式(固体培养、液体培养、固液双层培养等)、培养条件(光照、温度)等。

三、实训材料和用具

1. 实训材料

马铃薯无菌试管苗。

2. 培养基

马铃薯试管薯诱导培养基：MS+8%蔗糖。

3. 实训用具

超净工作台、高压蒸汽灭菌锅、蒸馏水器、酸度计、天平、酒精灯、剪刀、镊子、试管、培养皿、三角瓶、低温冰箱、烧杯、移液管、量筒、塑料盘或塑料盒、尼龙袋等。

四、实训步骤

1. 母株的培养

将试管苗剪成带有一个腋芽的茎段，接种到装有约30mL培养基的150mL三角瓶中，每瓶接种7个茎段。培养基为：MS培养基＋3%蔗糖＋0.5%～0.7%琼脂。培养温度为(25±2)℃，光照强度为2 000～3 000lx，光照期为16h/d，培养4周左右。

2. 试管薯的诱导

液体培养法：将生长健壮的马铃薯试管苗剪成带一个腋芽的单节茎段，接种于30mL MS加3%蔗糖的液体培养基中，每150mL的三角瓶接种7个茎段，置于光照强度为2 000lx、光周期为16h/d、温度为(25±2)℃的条件下培养4周，然后补加20mL MS加3%蔗糖的液体培养基，全黑暗条件下诱导结薯。

3. 试管薯收获

试管薯收获时要将粘在试管薯上的培养基用自来水冲洗干净，洗净的试管薯要置于散射光下待干燥后再贮藏。在操作过程中要轻拿轻放，以免撞伤薯皮。

4. 试管薯贮藏

将干燥的试管薯轻轻装入保鲜盒并编号后，可放在冷藏柜、冰箱、窖内贮藏，温度保持在4℃。

五、实训报告及实训作业

1. 每人繁殖5瓶马铃薯无菌试管苗，然后进行试管薯的诱导；观察和记载试管苗生长的速度和状态、试管薯形成的时间和数量，并统计试管薯诱导率。

2. 影响试管薯诱导率的因素有哪些？

实训十二　马铃薯试管苗的生长抑制剂保存

在植物离体保存中，包括使用生长抑制剂的试管苗限制生长保存，是比较方便、有效的离体种质保存方法，在马铃薯、柑橘、葡萄等无性繁殖作物的种质保存中得到广泛使用。

一、实训目的

学习并掌握植物试管苗的生长抑制剂保存的方法。

二、实训原理

植物试管苗的生长抑制剂保存，是将植物试管苗添加一定量的生长抑制剂或延缓剂的培养基培养，延缓试管苗的生长，减少培养基的营养消耗，以达到延长继代时间和长期保存的目的。目前，应用无菌试管苗保存植物种质最常用的方法是常温限制生长保存，即在常温培养条件下，通过在培养基中加入化学物质或采用一些物理方法，限制或延缓培养物生长，达到保存种质的目的。限制生长保存时内部生长因子的调控主要包括贮存培养基成分的选择和生长抑制物质的应用两部分。贮存培养基一般用基本培养基MS、1/2 MS或1/4 MS，添加2%～4%的蔗糖，固体培养。生长抑制剂主要选用对保存材料的再生能力、遗传稳定性无影响的物质，常用的有脱落酸(ABA)、矮壮素(CCC)、多效唑等或者在培养基中加入甘露醇、山梨醇等渗透压调节剂来提高培养基的渗透压。控制光照，降低培养瓶内的氧分压，降低培养温度等措施也可延缓试管苗的生长。

三、实训材料和用具

1. 实训材料

马铃薯试管苗。

2. 实训药品

配制 MS 培养基需要的药品、蔗糖、琼脂、75%酒精、多效唑。

3. 实训用具

超净工作台、高压蒸汽灭菌锅、蒸馏水器、天平、酒精灯、接种刀、剪刀、镊子、广口瓶、三角瓶、烧杯、移液管、量筒、玻璃记号笔、脱脂棉、火柴、废液杯、刀片、无菌纸、铁丝网或纱布、玻璃棒、试管、玻璃瓶。

四、实训步骤

1. 保存培养基配制

配制马铃薯试管苗保存培养基和对照培养基，用于试管苗保存实验。

2. 接种与试管苗保存

马铃薯试管苗长至 45d 时，切除基部愈伤组织部分及根，分别接种在含有多效唑的保存培养基和对照培养基上。每瓶接入 1～2 株，每个处理接入 15～20 瓶，用封口膜封口后在盖子上注明材料名称及接种时间等信息。将接种好的培养物置于(25±2)℃、1 200lx、12h/d 的培养室进行保存。45～60d 后观察马铃薯试管苗在保存培养基与对照培养基上的生长差异；更明显的保存效果观察可在保存半年以后进行。

五、实训作业

1. 植物离体种质保存的方法有哪些？

2. 植物生长抑制剂或延缓剂延缓试管苗生长的机理是什么？

附　录

植物组织培养的基本实验室操作技术

植物组织培养实验的操作是基于无菌条件进行的，需要建立一套满足无菌操作技术和无菌培养的环境。可以通过无菌操作过程获得植物器官、组织和细胞等无菌培养物，并在适宜环境条件下生长、发育、繁殖。植物组织培养的基本实验操作技术主要包括清洗与包装、消毒灭菌、无菌操作及实验室日常维持等基本环节。该项操作技术虽然简单，但要求仔细、耐心，它对保证实验的成功十分重要。所以，应力求通过各项操作步骤，使实验物品保持无菌状态，满足实验最基本的要求。

一、清洗与包装

（一）物品清洗

新的或用后的各种器皿，包括玻璃器皿、塑料器皿、金属器械、除菌滤器等都应严格清洗。新购置的玻璃器皿，常有游离碱性物质，并附有一些对细胞和组织培养有害的物质，如有害金属及灰尘等，因此，新的玻璃器皿在使用前应彻底清洗并经过一定的化学处理。可先在清水中冲洗，晾干水分后在洗液中浸泡过夜，再经流水冲洗 6 h 以上。必要时，还需经 1% 盐酸溶液浸泡数小时，再用流水冲洗数小时，经蒸馏水漂洗 3 次以上，最后用重蒸馏水或去离子水漂洗 2 次，60℃烘干备用。已用过的玻璃器皿用洗涤剂刷洗，刷洗时用力要轻，防止损伤器皿表面或造成划痕，或用超声波清洗仪清洗。清洗后用流水冲洗数小时，经蒸馏水漂洗 3 次以上，最后用多重蒸馏水或去离子水漂洗 2 次，烘干备用。

新的已灭菌的塑料器皿打开即可以使用。已用过的塑料器皿应先用清水充分浸泡，或用超声波清洗仪清洗，冲洗干净，再用 2% NaOH 溶液浸泡过夜，流水冲洗数小时，然后用 1%稀盐酸浸泡数小时，流水冲洗数小时，最后用蒸馏水漂洗 3 次，多重蒸馏水或去离子水漂洗 2 次，晾干后备用。

新的金属器皿用热洗涤剂溶液洗净，再用清水冲洗，擦干或烘干即可。培养器皿已受微生物污染时，先用高压蒸汽灭菌后清洗。需重复使用的玻璃除菌滤器用清水冲洗后，用洗液冲洗，硫酸抽滤清洗，再用清水冲洗，之后用蒸馏水连续抽滤冲洗，最后用多重蒸馏水连续抽滤冲洗，烘干备用。

（二）清洗后物品的包装

洗净烘（晾）干的物品应及时包装，以备消毒灭菌。包装的物品也便于消毒灭菌和贮存，同时可防止消毒灭菌后再受污染。包装常用硫酸纸、牛皮纸、纱布、棉布、锡箔纸、铝盒、饭盒、专用金属消毒筒等。包装的方式根据消毒灭菌的方法而有所不同。

对于体积较大的器皿（如大烧杯、烧瓶等）及滤器等容器，可采用局部包装的方法。把开口部分用硫酸纸及牛皮纸或棉布等两层紧密包装，用棉线绳扎紧。对于较小的器皿，如培养皿、玻璃吸管、注射器、胶塞等，可以用硫酸纸及牛皮纸等两层整体包装；金属器械、棉塞等，可以先装入铝盒、饭盒或消毒筒中，然后用棉布全部包裹起来。一般全包装物品的体积不能过大，可以用线绳捆扎，但不可太紧。放有物品的铝盒、饭盒或消毒筒等的底部和四周需要有多处通气孔，盒盖或筒盖不宜过紧。多个相同容器不易辨别时，应分别注明内装用品的名称，每一容器内的用品不宜放置过多、过密。注射器的针筒和针芯要分开并一起包装。吸管包装盒的底部垫一些脱脂棉或软纸、纱布，管口放入少许脱脂棉或纱布，包装松紧适宜，以免吸管头被撞断。

二、消毒灭菌

严格的消毒灭菌极为重要，直接影响着整个实验能否顺利进行。

（一）消毒灭菌方法

目前常用的消毒灭菌方法有物理方法（如干热灭菌法、湿热灭菌法、过滤除菌法、射线灭菌法等）和化学方法（化学消毒剂消毒法、抗生素抑菌法）两大类。

1. 干热灭菌法

干热灭菌法是利用恒温干燥箱内120～160℃的高热，并保持90～120min，杀死细菌和芽孢，达到灭菌目的的一种方法，主要适用于不便在压力蒸汽灭菌器中进行灭菌，且不易被高温损坏的玻璃器皿、金属器械以及不能和蒸汽接触的物品的灭菌。用此方法灭菌的物品干燥，易于贮存。酒精灯火焰烧灼灭菌法也属于干热灭菌的方法之一，在进行细胞工程操作时，常须利用工作台面上的酒精灯火焰对金属器具及玻璃器皿口缘进行补充灭菌。

2. 湿热灭菌法

湿热灭菌法是目前最常用的一种灭菌方法。它是利用高压蒸汽以及在蒸汽环境中存在的潜热作用和良好的穿透力，使菌体蛋白质凝固变性而使微生物死亡，适合于布类工作衣、各种器皿、金属器械、胶塞、蒸馏水、棉塞、纸和某些培养液的灭菌。高压蒸汽灭菌器的蒸汽压力一般调整为1.0～1.1kg/cm²，维持20～30min即可达到灭菌效果（见表1）。

表1　饱和蒸汽压力与其对应的温度

饱和蒸汽压力		温度（℃）	饱和蒸汽压力		温度（℃）
kg/cm²	lb/in²		kg/cm²	lb/in²	
0.0	0	100	1.055	15	121.0
0.141	2	103.6	1.125	16	122.0
0.281	4	106.9	1.266	18	124.1
0.442	6	109.8	1.406	20	126.0
0.563	8	112.6	1.543	22	127.8
0.703	10	115.2	1.681	24	129.6
0.844	12	117.6		30	134.5
0.984	14	119.9		50	147.6

3. 射线灭菌法

这是一种利用紫外线灯进行照射灭菌的方法。紫外线是一种低能量的电磁辐射，可以杀灭多种微生物。紫外线的作用机制是通过对微生物的核酸及蛋白质等的破坏作用而使其灭活，适合于实验室空气、地面、操作台面灭菌。灭菌时间为30min。用紫外线杀菌时应注意不能边照射边进行实验操作，因为紫外线不仅对人体皮肤有伤害，而且对培养物及一些试剂等也会产生不良影响。

4.过滤除菌法

过滤除菌法是将液体或气体通过有微孔的滤膜过滤，使大于滤膜孔径的细菌等微生物颗粒阻留，从而达到除菌目的的方法。过滤除菌法大多用于遇热易发生分解、变性而失效的试剂、酶液、血清、培养液等。目前，常用微孔滤膜金属滤器或塑料滤器正压过滤除菌，或用玻璃细菌滤器、滤球负压过滤除菌。滤膜孔径应在0.22～0.45μm范围内或用更小的细菌滤膜，溶液通过滤膜后，细菌和孢子等因大于滤膜孔径而被阻，并利用滤膜的吸附作用阻止小于滤膜孔径的细菌透过。

5.化学消毒剂消毒法

化学消毒剂消毒法主要用于那些不能利用物理方法进行灭菌的物品、空气、工作面、操作者皮肤、某些实验器皿等。常用的化学消毒剂包括甲醛、高锰酸钾、70%～75%酒精、过氧乙酸、来苏尔水、0.1%新洁尔灭、环氧乙烷、碘伏或碘酊等。其中利用70%～75%酒精、0.1%～0.2%氯化汞、10%次氯酸钠、饱和漂白粉等进行实验材料的灭菌；利用甲醛加高锰酸钾（2mL/m^3 甲醛＋1g/m^3 高锰酸钾）或乙二醇（6mL/m^3）等加热熏蒸法进行无菌室和培养室的消毒。在使用时应注意安全，特别是用在皮肤或实验材料上的消毒剂，须选用合适的药剂种类、浓度和处理时间，才能达到安全和灭菌的目的。

6.抗生素抑菌法

抗生素抑菌法主要用于培养液，是培养过程中预防微生物污染的重要手段以及作为微生物污染不严重时的“急救”措施。常用的抗生素有青霉素、链霉素和新霉素等。

（二）不同种类物品及培养物的消毒灭菌方法

1.无菌操作室灭菌

培养材料进行培养、观察或更换培养液时，必须从各方面防止任何污染物进入培养液或容器，所以无菌操作室的灭菌是至关重要的。由于无菌操作室的污染来源主要是空气中的细菌和真菌孢子，因此长期停用后的无菌操作室应进行熏蒸灭菌（2mL/m^3 甲醛＋1g/m^3 高锰酸钾）。经常使用的无菌操作室，在每次使用前都应进行地面卫生清洁，并用紫外线灯照30min，进行空气灭菌。对超净工作台，每次操作前用紫外线灯照射30min，然后用70%～75%酒精擦拭。

2.培养液灭菌

培养液在制备过程中带有各种杂菌，分装后应立即灭菌，或在24h内完成灭菌工序。目前常用过滤除菌法除去培养物操作液和培养液中的细菌。或对培养液中的耐热组分先进行高压蒸汽灭菌，然后在无菌室加入经过过滤除菌的不耐热溶液，混匀后分装备用。

使用高压蒸汽灭菌器灭菌时，将分装好的培养液放入底部有一定量（淹没加热管）凉水的高压蒸汽灭菌器内，增压至0.35～0.4kg/cm^2 时排净灭菌器内的冷空气，以便使蒸汽能到达各个消毒部位，保证消毒灭菌彻底。然后继续加压、加热，当压力表读数达到1.0～1.1kg/cm^2，温度为121℃时，保持15～20min即可。由于消毒灭菌效果取决于温度而不是压力，因此在一定压力下保持较长的消毒灭菌时间是必需的。121℃的蒸汽温度下可以很快杀死各种细菌及高度耐热的芽孢杆菌，因此许多培养液的消毒灭菌压力、温度一般保持在1.0～1.1kg/cm^2、121℃。消毒灭菌时间与需要消毒灭菌的培养液量密切相关（表2），时间不足，达不到灭菌效果；时间过长，培养液内的一些化学物质遭到破坏，影响培养液成分。消毒灭菌结束后，关闭热源，只有当灭菌器内压力降为零时才能打开放气阀，排除剩余蒸汽，取出培养液。不可在压力较高时打开放气阀，引起减压沸腾，使容器中的液体溢出。

表 2 培养液高压蒸汽灭菌所需最少时间

容器容积(mL)	在 121℃下所需的最少消毒灭菌时间(min)	容器容积(mL)	在 121℃下所需的最少消毒灭菌时间(min)
20～50	15	1 000	30
75	20	1 500	35
250～500	25	2 000	40

培养液组成中如含有遇热易分解的物质，则需用过滤方法消毒灭菌。首先对培养液中的耐热组分进行高压蒸汽灭菌后放置在无菌场所，固体培养液在 40℃左右(琼脂即将凝结前)，加入经过过滤除菌的不耐热溶液，混匀后冷却备用。液体培养液在冷却到室温后再加入过滤除菌溶液。过滤除菌时，使用孔径为 0.22～0.45μm 或更小的细菌滤膜。过滤除菌可利用抽滤装置或针头式滤器进行，所用器皿均应进行高压消毒灭菌，温度不应超过 121℃。

3. 玻璃器皿、塑料器皿和器械灭菌

玻璃器皿可进行干热灭菌或高压蒸汽灭菌，但在蒸汽灭菌后最好及时烘干水分。对不能进行高压蒸汽灭菌的塑料器皿，可用 75%酒精浸泡，使用前在无菌操作台面上晾干的同时，用紫外线重复杀菌。实验室还可以用环氧乙烷灭菌袋对塑料器皿进行消毒，消毒后的器皿要充分散气 2～4h 后才可使用。无菌操作所用的各种器械，一般采用干热或高压蒸汽灭菌，或用 75%的酒精浸泡，然后在无菌操作台面上晾干的同时用紫外线重复杀菌。在使用期间可多次对其进行酒精灯火焰灼烧灭菌。

4. 培养材料的消毒灭菌

采自植物体的实验材料，携带着微生物及杂质，接种前须进行表面消毒灭菌，对内部已受微生物侵染的材料应予以淘汰。从植物体采集的某些组织块，须用消毒剂进行浸泡处理而进行表面消毒。常用消毒剂有过氧化氢(10%～12%，浸泡 5～15min)、过氧乙酸(0.05%，浸泡 30s～1min)、酒精(70%～75%，浸泡 2min)。

植物组织培养实验中常用物品的消毒灭菌方法选择见表 3。

表 3 植物组织培养实验中常用物品的消毒灭菌方法选择

消毒灭菌物品	压力蒸汽	干热	过滤	紫外线	化学气体	化学消毒剂
培养室、工作台				+	+	+
玻璃制品	+	+				
金属器械	+	+				+
塑料制品					+	+
橡胶制品	+				+	+
培养液	+		+			
棉、布类	+	+				
培养物						+

三、无菌操作

（一）无菌操作前的准备工作

培养材料接种时的无菌操作过程除上述各项消毒灭菌操作外，还需完成以下无菌操作步骤，从而获得无菌接种的培养材料。

无菌操作前工作人员需用肥皂刷洗双手及手臂，并用流水冲净，穿戴好灭菌工作服、工作帽和口罩，更换拖鞋，才能进入无菌操作区。进入无菌操作区后，再用70%～75%的酒精擦拭双手和前臂，完成无菌操作准备工作。

用70%～75%的酒精擦洗工作台面后，将已消毒灭菌的实验用品取出，并将操作器械放置在无菌器械支架上，然后开始实验操作。在实验操作过程中，对于所有操作器械，每次使用后都要进行灭菌，常采用酒精灯火焰灼烧灭菌。

（二）无菌操作步骤

准备工作完成后，对来自于自然生长条件下的外植体，按上述培养材料消毒方法灭菌后取出，放入已灭菌的培养皿中，然后置超净工作台酒精灯火焰下方，用灭菌剪刀等器械进行适当分离、切割或其他处理后备用。在酒精灯火焰处将培养容器的瓶塞（盖）轻轻打开，瓶口在灯焰处旋转灼烧，用镊子将培养材料置入培养液上，将镊子在酒精瓶中浸蘸酒精，置酒精灯上灼烧后放回支架，然后迅速灼燎瓶塞（盖）数秒后塞回瓶口。对继代培养材料的无菌操作，需在灯焰处打开瓶塞（盖），继代材料为液体培养细胞时，直接用灭菌吸管吸取培养细胞液后放入新培养液中；继代材料为固体培养细胞时，用灭菌镊子挑取适量材料置于新培养液上；继代材料为其他组织时，用灭菌剪刀或其他器械进行培养材料适当切割后，用灭菌镊子将其置于新培养液上（中），然后迅速灼燎瓶塞（盖）数秒后塞回瓶口。

（三）污染源及其表现特征

当培养材料、接种器皿、无菌操作环境等消毒灭菌不彻底时，培养材料则携带有微生物。当其被接种到营养丰富的培养液上时，微生物繁殖迅速，出现各种污染菌斑。微生物生长时分泌出对培养材料有毒的代谢废物，致使培养材料死亡或失去使用价值。在培养过程中，培养材料附近出现黏液或混浊的水迹，并有发酵状泡沫，这是细菌性污染。在细菌性污染中，特别要注意一种呈乳白色的芽孢杆菌污染，它可出现在培养液表面，或呈滴形云雾状存在于培养液内。若出现，应严格灭菌。而培养液表面出现的黄色、白色、黑色等不同颜色的霉菌，是真菌性污染。

四、实验室日常维持

实验室的日常维持是植物组织培养实验室所必须进行的。在实验室工作的每一位研究人员都应该被安排在一定范围内承担实验室维持工作任务，以便使实验室保持在一个好的工作状态和工作秩序。进入实验室时，应该保持实验室的整洁、干净和整齐，一旦混乱就容易造成污染隐患。一个实验室的维持工作最好由常用实验室的实验人员共同承担，给每个人指定实验区域（如离心机、抽屉、培养箱等）的维持任务。不常用实验室的实验人员，可以承担一般区域的维持任务。如果有很多人在实验室工作，更有效的方法是列出值日表，明确每个人的任务。

进入实验室工作的所有人员，在每天进行实验工作的前、后，用适当的消毒剂，如70%

～75％的酒精擦拭工作台面。废物容器和废液体应带出细胞培养室，并在每天工作完成后将其清除。如果有任何污染培养物需要废弃，应立刻从培养室移出，并进行高压蒸汽灭菌处理。按照生物安全条例，细胞培养废物应作为生物危害处理，含有细胞的干废物，应放入生物安全袋并进行高压蒸汽灭菌处理，液体废物应使用消毒剂进行消毒处理或进行高压蒸汽灭菌处理。如果任何液体洒在了仪器、垃圾或地板上，应立即进行清洁并立即消毒。每次使用前后应进行紫外线杀菌处理，但不要通宵开启送风设备和杀菌灯。每天工作结束后，关闭显微镜、细胞计数仪及其他应该关闭的仪器、设备。最后离开的人员应重新检查一遍上述工作是否完成。

附　　表

附表 1　几种常用培养基的配方

化合物名称	培养基含量(mg/L)						
	MS	White	B_5	WPM	N_6	Knudson C	Nitsch
NH_4NO_3	1 650						720
KNO_3	1 900	80	2 527.5	400			950
$(NH_4)_2SO_4$			134		2 830	500	
$NaNO_3$					463		
KCl		65					
$CaCl_2 \cdot 2H_2O$	440		150	96	166		166
$Ca(NO_3)_2 \cdot 4H_2O$		300		556		1 000	
$MgSO_4 \cdot 7H_2O$	370	720	246.5	370	185	250	185
K_2SO_4				900			
Na_2SO_4		200					
KH_2PO_4	170			170	400	250	68
K_2HPO_4							
$FeSO_4 \cdot 7H_2O$	27.8			27.8	27.8	25	27.85
Na_2-EDTA	37.3			37.3	37.3		37.75
Na_2-Fe-EDTA			28				
$Fe_2(SO_4)_3$		2.5					
$MnSO_4 \cdot H_2O$				22.3			
$MnSO_4 \cdot 4H_2O$	22.3	7	10		4.4	7.5	25
$ZnSO_4 \cdot 7H_2O$	8.6	3	2	8.6	1.5		10
$CoCl_2 \cdot 6H_2O$	0.025		0.025				0.025
$CuSO_4 \cdot 5H_2O$	0.025	0.03	0.025	0.025			
MoO_3							0.25
$Na_2MoO_4 \cdot 2H_2O$			0.25	0.25			
KI	0.83	0.75	0.75		0.8		10
H_3BO_3	6.2	1.5	3	6.2	1.6		
$NaH_2PO_4 \cdot H_2O$		16.5	150				
烟酸(维生素 PP)	0.5	0.5	1	0.5	0.5		
盐酸吡哆醇	0.5	0.1	1	0.5	0.5		
盐酸硫胺素	0.1	0.1	10	0.5	1		
肌醇	100		100	100			100
甘氨酸	2	3		2	2		
pH 值	5.8	5.6	5.5	5.8	5.8	5.8	6.0

附表 2 常用基本培养基的比较

基本培养基	特点	适用范围	设计者及时间
MS	无机盐和离子浓度较高，为较稳定的平衡溶液。其中钾盐、铵盐和硝酸盐的含量较高	广泛地用于植物的器官、花药、细胞和原生质体培养	1962 年由 Murashige 和 Skoog 为培养烟草细胞而设计
B_5	含有较高的钾盐和盐酸硫胺素，但铵盐含量低，这可能对有些培养物的生长有抑制作用	南洋杉、葡萄等木本植物及豆科、十字花科植物的培养	1968 年由 Gamborg 等为培养大豆根细胞而设计
White	无机盐含量较低，但提高了 $MgSO_4$ 的浓度和增加了硼素	生根培养	1943 年由 White 为培养番茄根尖而设计
N_6	成分较简单，但 KNO_3 和 $(NH_4)_2SO_4$ 含量高	小麦、水稻及其他植物的花药培养等	1975 年朱至清等为水稻等禾谷类作物花药培养而设计
KM-8P	有机成分较复杂，包括了所有的单糖和维生素	禾谷类和豆科植物的原生质融合的培养	1975 年由 Kao 等为原生质体培养而设计
WPM	硝态氮和 Ca、K 含量高，不含碘和锰	木本植物的茎尖培养	1933 年由 Mecown Lioyd 设计
Knudson	成分简单，不能满足大多数植物组织细胞的生长发育所需的营养物质	兰科植物种子培养和萌发	1925 年由 Knudson 为兰科种子培养而设计

参考文献

[1] 曹孜义,刘国民.实用植物组织培养技术教程.兰州:甘肃科学技术出版社,2001.

[2] 陈正华.人工种子.北京:高等教育出版社,1990.

[3] 戴朝曦.用花药培养法诱导马铃薯双单倍体植株的研究.科学通报,1982,27(24).

[4] 李浚明,朱登云.植物组织培养教程.3版.北京:中国农业大学出版社,2005.

[5] 柳俊.马铃薯花蕾大小与花粉发育关系的研究.中国马铃薯,1993,7(4).

[6] 孟树兰,董慧明,邓继武,等.马铃薯人工种子生产技术探索.中国马铃薯,2004,18(3).

[7] 潘瑞炽.植物组织培养.广州:广东高等教育出版社,2003.

[8] 沈海龙.植物组织培养.北京:中国林业出版社,2005.

[9] 石晓华,孙凯.马铃薯茎尖组织培养脱毒的研究.吉林农业科学,2007,32(1).

[10] 司怀军,戴朝曦.马铃薯原生质体融合技术的研究.甘肃农业大学学报,1997,32(3).

[11] 司怀军,王蒂.马铃薯种间体细胞杂种的育性和遗传改良.作物学报,2003,29(2).

[12] 司怀军,王蒂,戴朝曦,等.我国马铃薯组织和细胞培养研究进展.中国马铃薯,2000,14(4).

[13] 孙勇如,安锡培.植物原生质体培养.北京:科学出版社,1991.

[14] 谭文澄,戴策刚.观赏植物组织培养技术.北京:中国林业出版社,2001.

[15] 王蒂.植物组织培养.北京:中国农业出版社,2004.

[16] 王蒂.植物组织培养实验教程.北京:中国农业出版社,2007.

[17] 王纪方,金波,高秀云.植物组织培养.上海:上海科学技术出版社,1983.

[18] 王清连.植物组织培养.北京:中国农业出版社,2002.

[19] 王永林.马铃薯茎尖超低温保存研究.甘肃农业科技,2006(10).

[20] 王水琦.植物组织培养.北京:中国轻工业出版社,2007.

[21] 王玉萍,王蒂.马铃薯花粉的离体萌发.中国马铃薯,2001(6).

[22] 王玉英,高新一.植物组织培养技术手册.北京:金盾出版社,2006.

[23] 韦三立.花卉组织培养.北京:中国林业出版社,2001.

[24] 余叔文,汤章城.植物生理与分子生物学.2版.北京:科学出版社,1998.

[25] 谢从华,柳俊,司怀军.植物细胞工程.北京:高等教育出版社,2004.

[26] 许智宏,卫志明.植物原生质体培养和遗传操作.上海:上海科学技术出版社,1997.

[27] 杨增海.园艺植物组织培养.北京:中国农业出版社,1987.

[28] 张自立,俞新大.植物细胞和体细胞遗传学技术和原理.北京:高等教育出版社,1990.

[29] 朱广廉.植物组织培养中的外植体灭菌.植物生理学通讯,1996,32(6).

[30] 朱明凯,程天庆,高湘玲,等.早熟马铃薯四倍体栽培品种花药诱导成株.园艺学报,1985,12(3).